教育部、农业农村部和中国科协三部委支持建设科技小院成果

科技小院

课堂在田间

青岛农业大学科技小院人才培养之路

陈延玲　辛言君　崔德杰◎主编

化学工业出版社

·北京·

内容简介

本书包含了由青岛农业大学主建的5个科技小院从无到有的建设过程，专业硕士研究生的成长历程以及师生深入田间发现问题解决问题的实践案例。青岛农业大学探索出了基于“科技小院”的资源利用与植物保护领域专业硕士人才培养模式；探索出了“科技小院-地方政府-农业企业-公费农科生”的地方农技人才培养模式；探索出了“科技小院-地方政府-农业企业-农民”四位一体的技术服务模式，并已经成为青岛农业大学专业硕士人才培养的特色标志，受到了政府、媒体、企业和农民的高度关注，强化了与地方政府和国内顶级专家的协同合作，为促进农业产业发展、助推产业升级搭建了更高的平台。

本书文字简洁，图文并茂，可供从事农业技术推广、“三农”研究、产业绿色发展等方面的人员参考。

图书在版编目（CIP）数据

科技小院：课堂在田间：青岛农业大学科技小院人才培养之路/陈延玲，辛言君，崔德杰主编. 一北京：化学工业出版社，2022.10

ISBN 978-7-122-42278-1

Ⅰ.①科… Ⅱ.①陈…②辛…③崔… Ⅲ.①高等学校-农业技术-人才培养-研究-青岛 Ⅳ.①S-4

中国版本图书馆CIP数据核字（2022）第181390号

责任编辑：李建丽
责任校对：王　静
装帧设计：王晓宇

出版发行：化学工业出版社
（北京市东城区青年湖南街13号　邮政编码100011）
印　　装：中煤（北京）印务有限公司
710mm×1000mm　1/16　印张$17^{1}/_{4}$　彩插4　字数260千字
2023年1月北京第1版第1次印刷

购书咨询：010-64518888
售后服务：010-64518899
网　　址：http://www.cip.com.cn
凡购买本书，如有缺损质量问题，本社销售中心负责调换。

定　　价：79.00元

山东省产教融合研究生联合培养示范基地
《区域农业绿色发展产教融合研究生
联合培养示范基地》资助

山东省研究生教育教学改革研究项目
《依托“科技小院”培养资源利用与植物保护领域
专业硕士的模式改革与实践》资助

山东省本科教学改革研究项目
《乡村振兴战略背景下“科技小院”新时代农业
复合型创新人才培养模式构建与探索》资助

《科技小院：课堂在田间
青岛农业大学科技小院人才培养之路》
编 委 会

主　　编：陈延玲　辛言君　崔德杰

副 主 编：张妮妮　朱少叶　宁　刚　黄有松
李　赟　陈东杰

参编人员：郭梦瑶　唐文慧　仇恒浩　姜晓芹
李久洲　蒋　伟　孔忠良　赵　颖
张培强　许淑妮　张翠悦　刘晓宇
刘子瑄　卢瑞芸　马艺纯　孟　璐
秦　靖　孙慧婷　范敬文　李　丹
刘腾腾　马胜锡　毛翔荣　王竹雨
徐云耀

序一

习近平总书记提出乡村振兴战略，使农业农村工作达到了前所未有的发展高度。2021年6月，《国务院关于印发全民科学素质行动规划纲要（2021—2035年）的通知》（国发〔2021〕9号）中指出，实施乡村振兴科技支撑行动，鼓励高校和科研院所开展乡村振兴智力服务，推广科技小院、专家大院、院（校）地共建等农业科技社会化服务模式。2022年3月，教育部办公厅、农业农村部办公厅、中国科协办公厅联合发布了《关于推广科技小院研究生培养模式助力乡村人才振兴的通知》，掀起了全国高校推广科技小院研究生培养模式的高潮。山东是农业大省，在实施乡村振兴战略、实现农业农村优先发展中，一直力争成为全国带头羊。青岛农业大学地处胶东半岛，具有深厚的农业学科积淀，在推动山东农业绿色发展中发挥了重要的科技支撑作用。青岛农业大学科技小院自成立以来，研究生把在小院的所思、所悟、所为点滴体会汇集成册，成为落实教育部等三部门关于科技小院研究生培养模式专项的成果之一，也体现了青岛农业大学在科技小院研究生人才培养模式创新方面走在了全国前列。

陈延玲是我们以科技小院模式培养出来的第一批研究生，她从硕士到博士都是在吉林梨树科技小院度过的。博士毕业后回到青岛农业大学任教，如今她用了三年的时间，成功地将山东省科技小院做了起来，并且做出了青岛农业大学科技小院人才培养的特色，集中体现在通过培养新时代的专业学位硕士研究生和公费农科生，创建了“科技小院-地方政府-农业企业-农民”四位一体的技术服务模式和“科技小院-地方政府-农业企业-公费农科生”的地方农技人才培养模式。

青岛农业大学科技小院的教师和研究生传承了老一代莱农人吃苦耐劳、踏实肯干的务实精神，他们长期驻扎在农业生产一线，“零距离、零时差、零门槛、零费用”地服务农业、农村和农民，即使条件很艰苦，她们依然很热心、很用心地帮助农民解决农业生产中发现的问题，建立示范田带动农民科学种田，利用业余时间开展技术培训，举办消夏晚会活跃农民文化生活，他们给农民带去了科技知识，提升了农民的幸福感，让偏远的农村充满了欢声笑语，农民的笑容和赞扬是对她们辛勤付出的最好褒奖，青岛农业大学科技小院的师生们在“三农”一线时刻践行着习总书记提出的“人民对美好生活的向往就是我们的奋斗目标”的指示精神。

青岛农业大学科技小院的成功之处首先体现在学生培养。同学们常穿梭于农民之间搞调研、田间地头做指导、走上讲台讲技术；不仅建了科技示范田，还当了村科技助理，带领农民一起科学种田。2020年，突如其来的疫情没有影响他们的工作热情，通过微信视频、电话等方式帮助科技小院周边农户在做好疫情防控的同时，采用新技术发展农业生产。青岛农业大学科技小院的每个学生都很有特色，莱西胡萝卜科技小院的第一任院长郭梦瑶为了让更多农户认识和了解科技小院，蹲守田间地头搞调研、帮农户测土、开设晚间课堂、传播农技知识；副院长唐文慧今年成了我的博士生，专业知识扎实，善于探索，积极帮助当地农户解决生产问题，助力村委会开展美丽乡村建设，与莱西胡萝卜科技小院共同成长了起来；莱西玉米科技小院的第一任院长李久洲千里跬步、开疆扩土，不但自身综合素质有了很大提高，而且以实际行动影响了家庭农场的“泉水”兄弟，培育了现代家庭农场的接班人；乐陵科技小院的第四任院长姜晓芹是我在青岛农业大学招收的第一个硕士研究生，心系村民，用心服务南夏村每个村民，与当地村民打成一片，定时组织科技培训会和文化活动，给农民带去科技知识，促进增产增收的同时，还活跃了留守妇女儿童的文化生活。

青岛农业大学科技小院的成功之处还体现在对农业产业的推动方面。科技小院开展的绿色低碳工作，体现在产业链的全过程。产前与农资企业（如五洲丰农业科技有限公司）合作，进行绿色投入品研发；产中全过程跟踪绿色种植技术落地情况；产后与农产品加工企业（如有田农业发展有限公司）合作，输出绿色农产品。同时还与家庭农场、合作社和市县镇村各级地方政府合作，扩大作物绿色增产增收面积，让更多农民受益，在多方的共同努力下，探索农业绿色低碳产业发展的新方向。同学们的专业理论素养与实践技能在推动农业产业发展的过程中得到全面提升。

这是一群90后的青年学子用青春谱写的平凡却感人的特殊故事，她们从舒适、美丽的校园来到艰苦的“三农”一线，一年200多天坚守在农业生产一线，她们的辛勤努力谱写了青岛农业大学科技小院人才培养成功的篇章。她们用脚步丈量祖国大地，用眼睛发现中国精神，用耳朵倾听农民呼声，用内心感应时代脉搏，把对祖国血浓于水、与人民同呼吸共命运的情感贯穿学业全过程、融汇在事业追求中。青岛农业大学科技小院的学子们传承着科技小院的精神，完美地诠释了新时代农科学子的责任与担当。他们以实际行动践行着科技小院的初心和使命，并使之发扬光大，为新时代中国特色社会主义建设和乡村振兴服务，为提升农民幸福感做出贡献！科技小院精神在她们身上得到了发扬！

科技小院故事丰富多彩，青岛农业大学科技小院的故事不仅多彩迷人，而且还很特别，值得大家阅读。

張福锁

中国工程院院士

中国农业大学教授

序二

多年来，青岛农业大学在专业学位硕士研究生培养中，始终以立德树人为根本，践行强农兴农使命，不断探索专业学位硕士研究生教育和服务乡村振兴的新路径。资源与环境学院从2019年开始借鉴中国农业大学创建的“科技小院”专业学位研究生培养模式，在山东省莱西市、胶州市和乐陵市开展了结合地方产业特色的科技小院建设，团队师生们依托青农科技小院，长期驻扎在农村生产一线，将科技小院“零距离、零时差、零门槛、零费用”的四零宗旨贯穿于科技服务与实践的全过程，创建了人才培养与技术服务相结合的新模式。本书精选了资源与环境学院硕士研究生和公费农科生们饱含激情、脚踏实地投入到“三农”一线，服务“三农”的案例，文字朴实无华，故事真实感人。书中收录的11名研究生长期驻扎在农村，与农村、农民、农业零距离接触，与农民同吃、同住、同劳动，自身专业技能得到了明显提升，展现了他们从学生、科技农民到农技员、培训教师等多角色转换，以及自身的适应能力、实践技能和综合素质提高的过程，具有很高的参考价值。同时也收录了15位公费农科生结合专业实习实践和科技助农活动的案例，展现了他们在科技小院的培养和锻炼过程，为公费农科生提供了从大学生到农技推广人员的过渡舞台，培养了知农爱农情感。科技小院行动实施，围绕学校办学特色，充分利用学校与社会资源，实现了课堂与田间、科研与推广、教书与育人、理论与实践、人才培养与社会服务的紧密结合，打造了专业学位硕士研究生和公费农科生培养的“青农模式”，在推动乡村振兴中贡献了青农大人的智慧和力量。

未来，在资源与环境学院成功经验基础上，学校将逐步在其他学院推广科技小院，充分利用学校人才、科技等资源优势，以科技小院为平台汇聚人才、技术、资源、产业等多方因素，充分发挥科技小院在人才培养、科技创新和社会服务中的独特优势，以专业学位硕士研究生能力培养为核心，聚焦“产教融合”协同育人，以培养德才兼备、作风过硬、实践能力突出、综合素质高的农科应用型研究生人才为目的，积极打造新农科、新工科应用型研究生人才培养新模式，实现技术、效益、人才、资源等方面的良性互动，推动科研成果转化和地方经济发展，助力乡村振兴全面实施。

2022年3月，教育部办公厅、农业农村部办公厅、中国科协办公厅发布《关于推广科技小院研究生培养模式助力乡村人才振兴的通知》，将进一步加大对科技小院的支持力度，扩大专业学位硕士研究生的人才培养规模。本书中记录的硕士研究生和本科生培养案例是落实三部委关于科技小院人才培养要求的重要成果，也是青岛农业大学专业学位研究生人才培养特色的标杆，值得借鉴和推广。

青岛农业大学副校长

前言

习近平总书记在党的十九大报告中提出“一懂两爱”的要求，他指出要“培养造就一支懂农业、爱农村、爱农民的‘三农’工作队伍”。2018年12月，他在对做好“三农”工作的重要指示中再次要求“加强懂农业、爱农村、爱农民农村工作队伍建设”。科技小院研究生培养模式，是指研究生培养单位把研究生长期派驻到农业生产一线，在完成理论知识学习的基础上，重点研究解决农业农村生产实践中的实际问题，实现了教书与育人、田间与课堂、理论与实践、科研与推广、创新与服务的紧密结合，是落实习总书记“一懂两爱”人才培养要求的重要举措，也是落实中国研究生教育“立德树人、服务需求、提高质量、追求卓越”工作主线的重要实践。2022年3月，教育部办公厅、农业农村部办公厅、中国科协办公厅联合发布《关于推广科技小院研究生培养模式助力乡村人才振兴的通知》，进一步推动全国涉农高校深化研究生培养模式改革。为落实习总书记的人才培养要求和教育部等三部委科技小院人才培养专项文件精神，我组织科技小院团队师生将我们在山东省5个科技小院开展的集人才培养、科技创新、社会服务于一体的学生培养历程总结成书，与读者共勉。

回想起建科技小院的过程，依旧历历在目。时间如白驹过隙，转眼间我回青岛农业大学做科技小院已经3年多了。2018年12月，在参加国际镁营养研究所举办的会议晚间，我们博士班的同学们跟张福锁院士（我们亲切地称为张老师）聊了各自的规划和困惑。轮到我的时候，张老师给的建议是“在山东省，你还是去做你的强项——科技小院，如果你想做，后面你可以负责山东省的科技小院建设”。听到这番话，我很感动，但同时感到“压力山大”。感动是因为科技小院是我多么熟悉的领域，毕业这几年，曾无数次梦回我所在的吉林梨树科技小院，那里曾留下我和同伴们、老师们的无数欢声笑语和共同奋斗的足迹，我人生最美好的6年也奉献在那里。压力大是因为一方面不能辜负张老师的信任；另一方面当时的我还没招研究生，经费也不足，而这些都是做科技小院的必备条件。当然，从我内心来讲，有些跃跃欲试。虽然硕博连读在梨树科技小院驻扎了近6年时间，但当时的角色是研究生，是在老师们的指导下开展工作，如果我作为指导老师去创建一个新的科技小院，会是怎样的呢？带着这份忐忑、感动和激情，向时任学院院长助理的辛言君教授交流了想法，他鼓励我向崔德杰院长汇报。经过交流，学院非常支持建设科技小院的设想，这给了我很大的信心，说明我不是一个人在战斗，身后有整个学院的力量。

科技小院在落地和建设过程中，得到了中国农业大学张福锁院士、李晓林教授、米国华教授和陈范骏教授等专家的指导与帮助，也得到了青岛市农业技术推广中心、莱西市农业农村局、乐陵市农业农村局、店埠镇人民政府、胶州市大白菜研究所、五洲丰农业科技有限公司、青岛市有田农业发展有限公司和莱西市兄弟家庭农场的支持与资助。在校-政-企多方的共同推动下，2019年7月，我们在山东省莱西市和胶州市建立了“莱西胡萝卜科技小院”和“胶州大白菜科技小院”；8月，承担了“乐陵小麦-玉米”和“乐陵金丝小枣”2个科技小院的指导工作；2020年6月，落地了“莱西玉米科技小院”；2020年10月，我们联合科技小院共建单位，以青岛农业大学科技小院为基础，获批山东省区域农业绿色发展产教融合研究生联合培养示范基地。三年间，我们的科技小院从1个发展成5个，今后可能还会增加很多个，我们科技小院的队伍在不断发展壮大。

在科技小院，研究生与农民亲如一家。农民把我们的学生当成自家的孩子，经常给他们送自家的蔬菜、亲手包的饺子，邀请他们到自己家做客。同学们也尽自己所能，向农民传播科技知识。这是一种双向奔赴的爱，这种情感在科技小院的同学都深有体会。科技小院是研究生眼中“人才孵化的摇篮”、是“行走的教科书”、是“生活的历练场”。经过科技小院的锤炼，同学们都获得了极大的成长，每当听到农民、农技人员、当地政府和企业给予学生们的高度评价，作为他们的老师，我极其自豪。

在科技小院的大舞台上，同学们可以充分地展现自我，挖掘自身潜力。郭梦瑶风风火火、乐观开朗，可以独当一面，是莱西胡萝卜科技小院的第一任院长，她与羞涩内向的文慧一起把莱西胡萝卜科技小院从“0”建起来，唐文慧也从一个被动的女孩转变成一个主动有担当的“女汉子”；仇恒浩好学、有才气，虽然专业跨度大，在团队的影响下，依然做得很出色；姜晓芹内敛、坚韧、柔中带刚，一个女孩独立撑起一个科技小院，深得当地农民和政府的认可，她的成绩背后交织着无数的艰辛与努力；李久洲内向、不善交流，仍然勇敢地走上讲台，给农户做技术培训，并且认认真真将科技小院的每一项工作做得井井有条，深得科技小院所在农场所有人的好评；蒋伟风趣幽默；忠良踏实努力；4位“研零”的同学——张培强、赵颖、许淑妮和张翠悦刚刚叩开科技小院的大门，相信未来他们在科技小院的广阔舞台上，必将大有作为！

三年来，我们团队师生长期扎根农村生产一线，近距离服务“三农”，不断探索适应于青岛农业大学的科技小院人才培养之路和技术服务模式，通过实地调研、单项技术引进、集成技术推广、示范农田建设、带着农民一起干，借助农业技术培训等一系列技术服务和人才培养举措，学生们得到了全方位的素质锻炼与成长发展，在农业、农村、农民的影响下，他们成为了“懂农业、爱农村、爱农民”的新时代“三农”人。不仅如此，在科技小院，学生们的生活和自主学习能力也得到了很大的提高，从刚进入科技小院的忐忑、惶恐、自卑，到成长蜕变后的欣喜、自信和强大，相信科技小院这段经历将成为他们人生的宝贵财富，会对他们未来的职业道路产生深远影响。

三年来，学校和学院的领导和同事们、当地政府、农业企业、农民等对科技小院工作给予了莫大的关怀和支持。在大家的共同努力下，我们探索出了基于“科技小院”的资源利用与植物保护领域专业硕士人才培养模式；探索出了“科技小院-地方政府-农业企业-公费农科生”的地方农技人才培养模式；探索出了“科技小院-地方政府-农业企业-农民”四位一体的技术服务模式。如今的科技小院，已经成为青岛农业大学专业硕士人才培养的特色标志，受到了政府、媒体、企业和农民的高度关注，强化了与地方政府和国内顶级专家的协同合作，为促进农业产业发展、助推产业升级搭建了更高的平台。未来青岛农业大学科技小院将继续在人才培养、科学研究和社会服务中努力探索，为中国“三农”的发展腾飞贡献更大的力量。

陈延玲

目录

研究生篇

山东省公费农科生篇

附录

研究生篇

莱西胡萝卜科技小院

郭梦瑶

莱西胡萝卜科技小院院长，来自山东博兴县，25岁，本科毕业于青岛农业大学，农业资源与环境专业，研究生就读于青岛农业大学，资源利用与植物保护专业。师从崔德杰教授/陈延玲副教授，研究方向为耕地质量培育与提升。

莱西科技小院落地建成

2019年7月10日，唐文慧发消息很正式地告诉我，请郭梦瑶同学于12日8点准时到化学楼前集合，跟陈延玲老师同去莱西。

12日这天，我按照信息要求，早早起来跟唐文慧一起去了化学楼前。陈老师准时带我们一起乘车去了莱西市店埠镇。这是我除了在作物施肥原理与技术这门课的课堂外，第一次与陈延玲老师近距离接触。在课堂上她给我的感觉是严厉的，但在现实生活中她又是那么温和，平易近人。在车上的时候，陈老师跟我们聊起了她的求学路，陈老师跟我们本科学校和专业相同，她在中国农业大学完成的硕博连读。2009年中国农业大学成立了科技小院后，陈老师也是第一批下到科技小院的学生，是我们当之无愧的领路人。听到这里，我对陈老师的敬仰又多了一分，“高山仰止，景行行止”，我在以后的科技小院工作中都会将陈老师作为自己的榜样。听到陈老师的事迹后，我觉得心里有些惭愧，因为直到那天，我对于科技小院的了解都只是通过课堂，对我能为科技小院做什么也十分茫然。当知道自己要参与莱西科技小院的建设工作时，我既兴奋，又很紧张。

有田农业讨论

莱西店埠镇后屯社区

第一站我们去了青岛有田农业发展有限公司。虽然本科期间我们的课程实习有很多，我们也去了很多企业，但是今天是第一次这么近距离接触企业的CEO（首席执行官）。陈老师和大家一起探讨了很多内容，包括我们莱西科技小院的建设发展规划及开展试验的预备工作等。座谈持续到中午，大家一起去镇上吃饭，路过即将陪伴我们三年的店埠镇。那时，我对于店埠镇是陌生的、好奇的，也是期待的、憧憬的。

科技小院落实讨论

科技小院选址

午饭后，我们先去了后屯新村的办公楼。因为我们都是第一次来，我和唐文慧在偷偷讨论着这个村是不是我们莱西科技小院的地方。陈老师听见了我俩讨论的话题，笑着回答道："不是这里，科技小院在隔壁的双河村，那里会有一个大院子。"我跟唐文慧听到关键词"大院子"后对视了一眼，互相看到了对方眼神中的激动，两人兴奋地紧紧相拥。莱西科技小院让我和唐文慧从

科技小院落地了

科技小院门前的第一张大合照

陌生人变成最熟悉的朋友，虽然我们本科都是农业资源与环境专业的，但是班级不同，我俩只是知道对方的姓名，其他并没有什么交集。感谢莱西科技小院让我多了一个无话不谈的好朋友。

我们在后屯新村办公楼与莱西市农业农村局蔬菜站站长汇合后，接着去了双河村委会。我跟唐文慧第一次见到了京浩叔，我没有想到这个第一次见面的大叔以后会与我们的生活有如此多的交集，给我们带来那么多的帮助。大家一起讨论莱西科技小院建成的地方。一开始陈老师准备选择村里闲置农户家作为小院，结果打开门一看里面全是鸽子屎和杂草，西墙也倒了。这时候店埠镇赵蓬副镇长和原双河村村委会主任也来了，听着他们讨论并规划着，我俩憧憬着未来的生活，手舞足蹈着、开心着。到了村委会又继续讨论，因为这家西墙倒塌，陈老师担心我俩小姑娘住着不安全，所以就不考虑这家了。边走边讨论，走到双河村村委会的时候，大家看到了高墙大院、非常气派的村委会。陈老师询问村委会是否可以住。村主任说村委会也可以住，不过没有水，陈老师提议进去参观一下再定。进入村委会后发现，里面有两排房子，北面的一排从东到西是套间办公室和2个会议室，南面的一排是卫生间、储藏室、大门过道和展厅。陈老师很兴奋地说这些房子设置非常符合科技小院的要求，会议室可以用作农民培训室，而且村委会门口有运动器械，平时肯定有人喜欢在这玩，这有利于研究生们在村里开展工作。快速地融入村里的生活便于开展技术传播工作。之后大家一起对莱西科技小院进行了讨论和规划，把莱西科技小院定在了双河村委会。等大项讨论结束后，开始考虑生活用水问题。陈老师请村委会主任张世方叔叔帮忙给我们挖个深井，买个太阳能，同时把卫生间修好，方便我和唐文慧以后在科技小院的生活。

科技小院选址定下来，标志着在2019年7月12日我们莱西科技小院就正式建立了。在回学校的路上，我就开始憧憬以后在这里的生活和工作了，一抹夕阳照在我的脸上，温暖我脸颊的同时也温暖着我的心。

“以地寻户”搞调研，“白加黑”搞测产

在莱西科技小院成立后，我们在莱西市开展了关于胡萝卜的种植调研。在调研过程中，我发现莱西市的胡萝卜种植用途与我家乡那边的用途有很大区别。莱西这边把胡萝卜作为主要经济作物来种植，也是家里的主要收入来源，而我家乡那边种植胡萝卜，则是作为蔬菜，仅供自己家吃，差距不是一般大。发现这些不同后，我们进行深入调研，但是还存在许多疑问。实践出真知，我相信等我和唐文慧自己种植胡萝卜后会一一解答现在存在的疑问。在感叹的同时我们也对莱西胡萝卜的种植时间进行了初步了解。莱西市胡萝卜分两茬种植，1月初到5月中下旬为春茬，8月初到12月底为秋茬。

拔出的胡萝卜

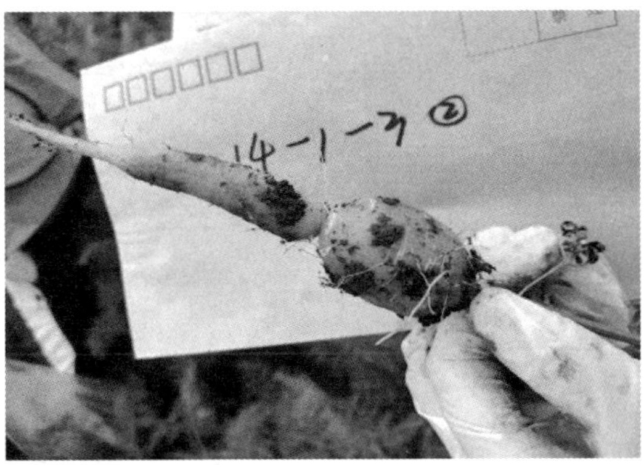

像是被拧了一下

基于全国县域绿色发展调

大叔希望我们能解决的杂草

大叔在小院吃晚饭

张志强大哥家 8.5 亩的胡萝卜地

研的蔬菜种植管理问卷，我们对双河村胡萝卜的种植情况进行了问卷调研，开展了“1351”的调研工作。“1351”是我们科技小院引进中国农业大学的技术模式，即“1个村、30个农户、50个地块和1个示范方”。我们首先将“1个村”定在我们科技小院所在的村——双河村。为了深入了解双河村的胡萝卜种植情况，我和唐文慧采用“以地寻户”的工作方法，即根据胡萝卜田去找农户，只要看见胡萝卜地里有人，我俩就开始跟农户聊天。聊天内容从自我介绍，逐渐深入到介绍科技小院的情况。再沟通胡萝卜种植的情况。经过这样一次次的调研，我们对双河村农户的胡萝卜种植模式有了基本了解，再次完善了调研问卷，真正开始了胡萝卜“1351”的调研。

前期在与村民不熟悉和对村庄不了解的情况下，我们依然出色地完成了调研任务。在前期的走访调研中，我也保存了种植胡萝卜的农户们的联系方式，以便我们开展“1351”的调研，但其中也存在人地关系不清的问题。面对这种棘手的情况，我们决定求助村里的“智多星”京浩叔。他对于村里的人地情况，可以说是胸有成竹，对于村里人的手机号（村里用的短号），也是记得滚瓜烂熟。

不长胡萝卜的“胡萝卜”

解决了这几项棘手的问题后，我们便开始了白天取样、晚上调研的工作。在此期间我们认识了很多人，通过这样的方式，我们也渐渐成了村里的“名人”。我们当时没有交通工具，所以不管去哪里取样，都是拜托京浩叔用电动三轮车带着我们去。在我们调研过程中，京浩叔给予了我们很大的帮助。

来自双河村农户的地瓜

由于秋茬胡萝卜效益低，村里种植胡萝卜的农户越来越少。整个秋茬从胡萝卜苗期到肉质根膨大期，我们一边回学校上课，一边来双河村调研，总共调研了16个农

施用的肥料

户21个地块。11月中旬我跟唐文慧开始对这21个地块进行测产工作。由于京浩叔在处理村里的事情，我跟唐文慧便开始了徒步测产工作。我俩提着米尺、勾秤开始长途跋涉的测产之路。在测产的过程中我俩也是经历了“九九八十一”难：在寒风呼啸的冬天，我俩为了不踩伤胡萝卜，都是每取一个点送到棚外，到下一个点再从大棚侧边钻过去，真的是又冷又累。每次完成测产的胡萝卜，再给农户放到地头上，等农户下次灌水时就可以带回去，这样就不会浪费胡萝卜。

我记得有一次我俩过河，卷尺不小心掉进河里。卷尺离着河岸有一段距离，我只能用棍子勾住卷尺的拉环，把卷尺拉到底才把50米的卷尺拿了上来。“天大寒，尺冰坚，手指不可屈伸”。在这种情况下，我俩慢慢将它缠了起来，终于来到了我们要测产的大棚，正好看见农户进行收获。和他短暂沟通过后，他眼含泪花告诉我们，他的地里有根瘤，收胡萝卜的买家给的价格很低，只能自己收获后到市场卖。看着父亲般年纪的农户的身影，我很理解他的压力，更加坚定了为农民服务的决心。我作为农民的女儿，会竭尽所能为农民服务，以农民增产增收为己任。这时候我也更加明白科技小院的使命了，大家一起为了农民和农村的未来而奋斗！

我俩告别大叔后，又继续进行测产工作。测产后回到小院已经是下午5点多钟，天逐渐暗了起来，我们裹着毯子等着顺风车，到学校后天色更是黑得如同墨汁倾倒一般。我们这样连续“白加黑”地干了一周。经过我们的不懈努力，所有地块的产量都测完了。虽然万般辛苦，但是心里依然像吃了蜂蜜，每天都好充实，每天都好开心。

追肥的那些事

2020年春天因为疫情的原因，我跟唐文慧没能亲自进行春茬胡萝卜的管理工作，春茬胡萝卜全程追肥都是在我们微信视频指导下，双河村张德国大叔帮我们操作的。“无以回报，唯有感恩”，感谢张大叔为科技小院作出的贡献，我们以后肯定会更加认真努力地为当地农民服务。

帮忙的茂山叔

2020年开展秋茬胡萝卜工作时，疫情有所缓解，我跟唐文慧可以来小院了。我们两个开始自己追肥，每次取完植物样品和土壤样品后，我们再进行追肥。在取土壤样品的当天中午，为了便于溶化肥料，我决定去买四个大桶。我借了京浩叔的三轮车就去买大桶了。万事俱备后，我开始溶化硫酸钾肥料，唐文慧则领着工人进行土壤样品的采集工作。我把桶和肥料准备好之后，便开着三轮车到大棚。此时，正好取完土壤样品的工人帮我们把溶化硫酸钾肥料的大桶抬下来。

灌肥啦

第二天早上我跟唐文慧则开始追肥。追肥前，我们一般会先滴30分钟左右的水，把土壤湿透，然后开始滴肥。接下来，我和唐文慧分工合作进行追肥，我负责操作抽肥器，

胡萝卜的“豆浆、牛奶和咖啡”

加肥器内部

追肥到伸手不见五指的黑夜

茂岳叔准备的晚饭

进行水肥融合，唐文慧则负责在大棚控制开关。

在膨大期前期追肥的时候，早上7点，我俩到达大棚，跟之前一样使用茂山叔家的抽肥器进行追肥。上午很顺利，但到下午的时候，抽肥器出现了抽不出肥料的情况。我以为这次和上次的故障一样，也是灌水管道有空气引起的。可是我重新断开连接后，抽肥器仍没有正常工作。我只好请茂山叔前来帮忙处理。茂山叔打开盖子检查抽肥器里面的情况，抽肥器里面没有堵住。他帮我们断水后，拿着抽肥器去售后那里进行修理。因为我们追肥时间比较紧急，茂山叔先带回来一个新的，供我们使用。但追了一个处理的肥料后，又出现了刚刚的故障，没办法，只得麻烦茂山叔再去一趟售后那边，茂山叔再次换了一个新的回来。他告诉我，他跟老板在那里研究了半天，可能是我们抽肥的时候，插入肥料溶液的滤网在水位降低后，有一部分漏出来进入空气了，这样时间久了就会出现不抽肥的情况。接下来我小心翼翼地用着，害怕再次抽进空气。直到晚上8点多，我们才把所有的处理都追完肥。当时晚上温度很低了，我们穿着棉袄追肥，鞋子都湿了。贴心的茂岳叔告诉厨房的大婶儿，给我们做了饭。我和文慧一块在茂岳叔那边吃了热乎乎的晚饭，心里也感觉温暖了很多。

婶儿在捡拾垃圾

经过这次的追肥教训后，接下来每一次追肥，我都是战战兢兢，害怕再次出现这样的问题，不仅耽误追肥，还容易生病感冒。我俩商量后，征得陈老师同意，抓紧买了背带裤式的连体雨鞋，这样不仅避免了鞋子进水，而且还避免了裤子和上衣被水花打湿造成感冒，进而提高了我们的工作效率。

刚刚铺完管子

2021年进行春茬胡萝卜追肥的时候，我们遇见了西边大棚的一个阿姨。阿姨活泼开朗，也很热心，在我们工作中给予了我们很多帮助。当时我

清洗过滤管道

灌肥桶

称肥料

装车啦

跟文慧经过上一茬胡萝卜的种植，对于胡萝卜追肥越来越熟练，在膨大前期追肥时，因为水压太大，有一个接口被水冲开了，把接口处的皮圈冲到积水坑里了（门口有个地方比较浅，旁边地下管道碎了，往外冒水，因此形成了一个1平方米左右的积水坑），我不知道是皮圈掉了，接上以后还是一直漏水，十分影响工作效率。阿姨这时候来了，看见漏水严重，检查一番后说，是没有皮圈了。我俩怀疑是掉进了水坑，就用桶把积水都拎到沟里去，阿姨嘱咐我仔细看着点，别把皮圈弄没了，水快干了的时候，终于找到了皮圈。强中自有强中手，今天如果没有阿姨，追肥效率会大打折扣。

经过追肥那些事，我对追肥慢慢也积累了一些经验，我也真正体会到了实践出真知。“追肥那些事”仿佛就发生在眼前。不仅是追肥的事，还有在这个过程中给予我们帮助的人。这两年我们在科技小院认识了很多人，他们对我们很热情，对我们各方面帮助也很大，都把我们当自己的孩子疼爱。我们在双河村有了第二个家，很感谢他们，也很庆幸遇到了他们。

第一次当老师

2020年8月20日农民培训会的方案终于准备完善了，这次的方案主要从培训会的开展形式、举办时间、培训内容等方面进行了精心准备。

本来培训会准备活动有条不紊地进行着，但是中间却遇到了一个小插曲。临近培训会举办时间了，却发现培训设备——投影仪无处安放：一是没有合适的地方固定投影幕，二是村委会的会议室没有空白的墙面可用于投影。就在一筹莫展之际，我突然想起于旺庄村的村委办公室好像可以满足投影教学条件，因为陈老师在村委办公室给我们研究生，还有二叔于志学、三叔于志良开过一次培训会，村委办公室里会议桌、投影仪和幕布等一应俱全。但是临时改变培训场地，村民们能否按时参加培训会，培训效果会不会因此大打折扣？第一次被委任全权组织培训会，竟然出现这么基础的纰漏，心里默默责怪自己事先没有考虑周全，只能硬着头皮请教陈老师了。没想到隔天陈老师就托人带过来了便携式投影仪。我是第一次接触这种投影仪，在科技小院同学们的帮助下，按着说明书的操作步骤，一步步组装、安置好了投影仪，又反复演练了具体操作方法，培训设备的问题终于圆满解决了。心里的一块大石头也总算落地了，长吁一口气，接下来便是静待培训会的正式开幕。

8月20日下午我和其他同学清扫了会议室，为晚上的培训交流会做最后的准备。在此之前我已通过微信群发布了主题为“莱西科技小院介绍及数据反馈和如何辨别真假化肥”第一场农民培训交流会的通知。第一次作为培训会负责人，对会议参加人数把握不准，于是我又在村的群里发了一

第一次农民培训交流会

在线小郭讲课啦

下通知。但迟迟不见大家回应，此时的我如同热锅上的蚂蚁一般，在门口踱步，走来走去。虽然心里着急，但是准备工作仍然继续着。调试好投影仪，摆好桌子、椅子后，我去了门口看看到会人员情况。我在心里已经下定决心，哪怕有一个人参加，我也要把这次培训会讲好。等我到门口发现有好多人在，我就过去和大家聊了一会，他们说是看到我发的消息来参加今天的培训交流会的。原来大家看到了我发布的信息，还有这么多人愿意过来参加，我心里成就感满满，喜悦之情溢于言表。本来培训会预计晚上8点开始，但是考虑到外面下着小雨，我们就提前到7:30开始了，共有15人参加。我一边讲准备的内容，一边跟大叔大婶们互动，我问："叔叔、婶婶你们知道什么叫复合肥吗？"他们说："是含有氮磷钾的肥料。"回答的挺积极，虽然不全对，但是也很不错，在给他们纠正了答案后，继续进行我们的培训。在准备培训的时候，我提前在白板上出了题，然后问："叔叔、婶婶你们知不知道哪个是真的复合肥，哪个是假的。"他们都还是积极地回答着。农户大致上可以分辨出真假，但是我问："叔叔、婶婶知道错哪里了吗？"他们的回答不像之前那么积极了，也没有那么肯定了。除了我们常见的氮磷钾三种元素外，我又向他们补充了中微量元素及化学式的知识。在我没有告诉他们正确答案时，我问他们是否有人全部认识，只有张德国大叔全部认识，其他人只认识几种比较常见的。于是我从头到尾教了农户们一遍，第一遍记不清楚的农户会积极发问，我就继续耐心给他们讲第二遍。上学时就听老师说“不懂就问”，当时年轻没有深刻体会，自己当上小老师以后，才深刻理解这句话的含义。

准备板书开始提问

展开讨论

到数据反馈的时候，大家表现得更加积极了，都迫切想知道自家地里的情况。我先把总体的情况跟大家说了一下，然后又把所有的数据给他们看，大家对自家地的情况也有了一定了解。今天来的农户中有一些是没参与“1351”项目的，但是也想让我们帮忙测测土，想了解下自己田地的养分是否均衡。面对这些朴实的大叔大婶们的要求，我们欣然应允，与他们互留了联系方式，约定等天气晴朗了便去取样测土。

培训会结束后，进入答疑环节。一个婶子告诉我们，她家花生落叶早，地里有白毛毛，重茬的地块比较厉害，没重茬的地块好一点，想请我们去地里看看，我一口答应下来。并且第二天便去她家地里察看了一番，并拍照咨询了花生所的老师们，等待老师们给出结果，我们再和大婶反馈。还有两个婶子，在跟我们讨论关于施肥量和施肥时间、病虫害防治等问题。针对她们的问题，我的搭档唐文慧帮她下载了可以识别病虫害的软件——

识农，还教她怎么用。婶子们还说以前有卖化肥的农资商来测土壤，但是不会把所测土壤数据告诉他们，只告诉他们应该补什么肥料，大伙都不知是否可信，也无法验证。现在我们来了，村子里的人信任我们，他们早早就关注了我们发群里的推广公众号，别人发的他们都不敢关注，怕上当受骗。

经过这一晚上与农户的交流与研讨，我深刻了解到农村对于科学技术、科学信息了解的迫切性，也意识到科技小院研究生存在的意义——帮助农户了解科学知识，提高他们的科学文化素养，助力培养新型职业农民。另外，被人相信的感觉真是超级棒。作为新一代研究生，三年研究生时间我要驻扎农业生产一线，尽力帮助农户们解决农业生产问题，为中国农业绿色发展贡献一份自己的力量。

结识李赟老师

第一次见到“李赟”这个名字是在2021年4月份，那时我们正在进行胡萝卜收获期的土壤样品采集。陈延玲老师打电话通知说，下午学院李赟老师会去莱西市农业农村局，把莱西农业农村局一个样品检测点的实验仪器搬到基地这边，完善我们基地实验室以备后续在基地进行简单的试验或者进行试验的预处理。事情交代完后，陈老师把李老师的微信及联系方式推送给了我。

调试音响

在规划仪器室的时候，需要在仪器室摆放边台和一个大的实验台用来放置仪器设备。东边玻璃大棚（有田农业公司进行蔬菜种植的温室大棚）里有试验台和边台。在这之前我们已经跟有田农业公司的于随飞经理讨论过了，于总说等要安放仪器设备的时候告诉她，她会派工人过来帮我们安装。在跟陈老师通话结束后，我抓紧跟于总汇报了一下，于总帮我们安排了两个工人，让工人按照我们仪器室的设计规划进行操作。因为这些实验台都已经用胶粘好了，所以难以拆卸下来，程叔（有田农业玻璃大棚的种植管理者）充分发挥了“智多星”的作用，帮我们找来了一把锋利的菜刀。工人大叔用菜刀把所有的胶都割开，先把能拆的拆下来，有序地将实验台都搬到了我们的仪器室。然后两个大叔用起重机将边台、板子和中间的大实验台运过去。

调试电脑

安装推车的轮子

仪器室整理好后，我通过微信第一次与李赟老师进行了通话，把基地的情况大致给李赟老师介绍了一下，并向李老师汇报了因仪器体积过大，没能按时完成，五一假期我们又不在基地，可能等五一假期后

李老师坐车

李老师开车

现场指导的李老师

才能继续安装仪器。李老师说等我和唐文慧回来的时候再运过来也行。结果李老师在五一假期期间就“暗度陈仓”了，李老师打电话给我了一个“大惊喜”，说仪器已经运过去了，只需要我做好清点工作。李老师不辞辛苦，节假日还在为我们小院操劳，是我们成长路上指引前行的引航明灯。

第二次通话则是在我们胡萝卜收获的时候，李赟老师需要胡萝卜的尾菜进行实验。我们大棚的胡萝卜收获后，我跟京浩叔（双河村的一位村民，在科技小院初建以及现在一直在帮助我们，在接下来的小故事中会着重讲述这些事情）将胡萝卜尾菜运出，但是基地条件有限无法进行保鲜储存。我将这个情况反馈给了李老师，李老师说“条件有限，共克时艰，不能保鲜，可以晒干”。我在电话这头直笑，心想李老师还挺有文化嘞。我听从李老师的指示，和京浩叔将尾菜全部晾了起来，然后又把晾好的尾菜存放到东边的玻璃大棚里等待李老师检验。李老师幽默风趣，宽容大度，是我们人生路上的先行智者。

后背湿透的李老师

之前两次都是通过微信与李老师通话，第一次与李老师见面是2021年7月17日，课题组的四位老师们来基地看我们的时候。见到李赟老师后，我发现李老师跟我想象的不太一样，我以为他是40岁左右的中年大叔，但见到真人却让我瞠目结舌，微信和通话中都稳重、风趣的他，竟然跟我们一样是个90后，这简直太让人吃惊了！这天我带着李老师去看了胡萝卜尾菜。其他老师在参观完基地后都回学校了，只有李老师留了下来，他留下来帮助我们进一步完善基地的基础设备，以便基地更快进入工作状态。通过那些天跟李老师的接触，我们跟李老师越来越熟悉了，李老师也逐渐成了我们的“好大哥”。李老师认真负责，细心贴心，是我们小院建设中不可或缺的中流砥柱。

李老师年长我四岁，与我们说起话来没有代沟。李老师在生活中也十分贴心，我们烘箱的插头比较大，需要买一个合适的插排，我们到了朴木的时候，李老师还提醒我们不要忘记买，真的非常细心。李老师还有一个隐藏的“李氏绝技”，就是会骑三轮车，我们都以为李老师不会骑三轮车，结果在买菜的时候，我们发现李老师开的是相当熟练，果真是深藏不露。大家也是越来越熟悉，李老师走的时候，三步两回头地看着科技小院，心中定是恋恋不舍，不过感觉过不了多久，李老师又会回来的。

与村民京浩叔的故事

我和京浩叔初次见面是在2019年7月12日莱西科技小院成立的那天，那天来参加科技小院落成的人员很多，有老师，有学生，还有村里的农户。当时这位朴素的大叔并未给我留下很深刻的印象，但是没想到在以后的日子里，这位朴素的大叔竟然给了我们那么多的帮助。

跟我一起入驻科技小院的还有同级的研究生唐文慧，我俩入住科技小院后才开始与京浩大叔熟悉起来，也开始对他有所了解。京浩叔对待我们的事情比对自己的事还着急，有点像《水浒传》中重义的鲁智深。记得我们刚到科技小院的时候，还没来得及添置交通工具，外出采购和调研成为了困扰我们的难题，那几天我们只能靠双脚开展工作。携带采样工具并带回这些样品对于我们两个女生来说太困难了，没有交通工具我俩很难提回来。有一天京浩叔看到我们从地里艰难地往小院走，他便“主动请缨”做我们的专职司机，大大节约了我们的出行时间。我们在做“1351”调研的时候，也是他不辞辛苦帮我们联系种植胡萝卜的农户，我们能顺利开展调研取样工作，京浩叔功不可没。在我们向京浩叔表示感谢的时候他却摆手推辞，并告诉我们说，“你们为俺们农民老百姓丰产丰收做试验是大事，俺给你当司机帮点忙不算啥。”京浩叔这句话使我大受震撼，也使我更深刻了解科技小院存在的意义。

京浩叔在生活中给了我们很大的帮助。有一天，快半夜12点了，我想出去上厕所，但外屋的门锁好像坏了，怎么也打不开。喊醒同伴唐文慧一起帮忙，用尽浑身力气还是没能打开。这可把我们俩急坏了，无奈只好打电话求助京浩叔。这么晚了，外面漆黑一片，我俩默默祈祷京浩叔能过来帮我们。电话那头滴滴滴想了十多秒后传来了京浩叔迷迷糊糊的声音，问我们怎么了。我们把被困的事情跟京浩叔说了一遍，恳求京浩叔从外面帮我们试着开下门。京浩叔这会已经完全清醒，告诉我们别着急，他马上过来。听着电话里窸窸窣窣的穿衣声，我们挂断了电话，怔怔地望着外面漆黑的夜。好像过了很长时间，看手机实际才五六分钟，京浩叔的身影便出现在了我们眼前。我连忙说："叔，外屋大门上的防盗锁我们从里屋打不开，要不你帮我们从外面试试能不能打开。"可能刚才精神高度紧张吧，我的声音有点哽咽。京浩叔试着从外边开门但也是打不开。看着我俩焦急的神情，京浩叔说："要不我们先把窗户的防盗窗卸下来，你们今晚先从窗户进出吧。"征得我们同意后，京浩叔费了很大力气拆卸掉了防盗窗，这个问题算是暂时解决了。看着哈欠连天的京浩叔，我们的心中满是歉意。第二天一大早京浩叔就帮我们找来了修锁的师傅。师傅告诉我们这个锁的锁芯坏了，应该是长久地风吹雨打锁里面的小弹簧生锈了。师傅给

刚刚出土的胡萝卜

帮文慧照路的京浩叔

帮我们取土的京浩叔

京浩叔给我们种的茄子

装车的京浩叔

晾晒萝卜地上部组织

我们换了生锈的小弹簧，屋门可以正常开关了。我们送走了师傅，京浩叔还跟我们开玩笑说：“终于修好了，我晚上可以睡个好觉了。”说完我们三个人都哈哈大笑起来。

京浩叔在工作中也给了我们很大的支持。2020年5月10日，我跟唐文慧要进行测产工作，我俩都是第一次进行胡萝卜测产。当时正值当地胡萝卜收获高峰期，我们根本雇不到工人，但是张德国叔告诉我们今天晚上9点左右会有老板来收胡萝卜，我跟唐文慧要赶在收胡萝卜老板的工人装完袋之前完成测产工作。在我们“火烧眉毛”之际，京浩叔得知我们这个情况之后，再次向我们伸出了援助之手，亲自来帮我俩测产。我俩戴着头灯，京浩叔帮我俩拎钩秤，一组一组地记录，一共14个处理，一个处理3次重复，一晚上一刻也不能停歇，终于在工人装袋前称完了，这时候天都泛起了鱼肚白。京浩叔疲惫地开着三轮车载我俩回小院，把我们送到门口后，我和文慧连连道谢。京浩叔一边打着哈欠一边朝我们挥挥手说：“你们也早点休息吧，我也要回家睡觉了。”如果没有京浩叔，我俩恐怕真的难以完成测产任务。之后的每次工作任务好像都少不了京浩叔的帮忙。秋茬胡萝卜施肥时，京浩叔开着他的三轮车过来帮我们施肥；胡萝卜收获后，李赟老师需要我们的胡萝卜尾菜做堆肥试验，也是京浩叔帮我们把尾菜运到基地的广场；后续的晾晒、翻动、储存，都有京浩叔忙碌的身影。

不知不觉已经驻扎在科技小院两年了。在这两年里，京浩叔给予了我们太多太多的帮助。在我心里他是一个可爱的小老头，同时也是一个伟岸的巨人。他对我们生活上的点滴帮助和工作上的大力支持我将永远铭记于心，同时也支持着我不断向前奋进。

唐文慧

山东莱西胡萝卜科技小院成员（2019—2022年），来自山东淄博，25岁，本科毕业于青岛农业大学，农业资源与环境专业，研究生毕业于青岛农业大学，资源利用与植物保护专业，师从陈延玲副教授，研究方向为胡萝卜养分高效利用。现为中国农业大学2022级博士研究生。

唐文慧

没有调研就没有发言权

2019年7月15日，我们开始了全国县域农业绿色发展调研，全国各地的科技小院师生在这个暑假都在如火如荼地调研各个典型县域的农业生产现状，我们在山东省选择了莱西市这个农产品出口量占全国四分之一的粮棉油、果品、蔬菜和畜牧生产基地。

在我的认知里，总觉得全国各地的农业就像我家乡的农业生产那样——丘陵平坦的地方分散着一家一户两三亩农田，水道里流着随时可以漫灌浇地的河水；播种时，需要人们一粒粒点播；施肥时，人们需要拎着装满肥料的桶子或盆子一把把手撒；打药时，要背着几十斤的喷雾器，边走边按压手摇杆喷施；买农资，就在村里或县城的商店；卖蔬菜，需要凌晨两三点就去县城等着卖给批发商。好像大家每一年都是按照一样的管理措施，按部就班地播种和收获，所以我也从来没有深入了解过大家在种植过程中有什么棘手的问题。但是在这次调研中，我深刻地认识到，不同地方的农业现代化程度有很大区别，哪怕是同一个镇的两个村庄，在粮油作物、经济作物和养殖业方面的情况也会有意想不到的差别，但是，总体来说，跟我记忆中落后的农业生产模式已大不相同。

这次的调研我们在8天里共计走访了莱西市9个乡镇、29个村庄，共完成了294份涵盖种植业、养殖业和有机肥的问卷，每份问卷需要长达2个小时的调研。为了提高调研效率，我们所有人分为三队，每天都到达两个不同的村庄，我担任第三小队的队长，和其他5名同学合理分工，在每一个村庄合理有序地展开调研和发放礼品。在去往目的地的车上时，我还很紧张地回忆着前两天培训的内容，拿出40页的问卷反复翻看，又担心语言不通，但是我们时间紧，任务重，需要快速有效的沟通。到达目的地之后，我们在村书记的帮助下顺利展开调研，开始和村民热火朝天地对话，我忐忑不安的心情才终于平复下来。

第一站，我们组的调研目的地是院上镇的王家院村，主要调研本村种植业的情况。有一个调研对象让我印象非常深刻，这位调研对象是一位不到50岁的大姐，她和她爱人的年龄相较于其他调研的农户小一些，学历相对也高一些。谈话中，大姐骄傲地说，一开始村里根本没有种桃树的，也从来没有人尝试，她爱人是村里第一个种桃树的，而且刚开始想拉伙和村里人一起干时还受到了村里人的质疑。后来他们的桃树种得越来越好，村里才陆续有更多的人加入他们的桃树种植队伍。在她老公的带领下，村里农户的收入有了很大提高。通过这次调研，我发现受教育年限长、敢于应用新技术种植新品种的年轻人经济收入明显偏高，生活幸福度也更高一些。农村农业是迫切需求青年人才的地方啊。

调研年轻的大姐

参观胡萝卜收获过程

第二站我们来到了店埠镇后屯村，调研胡萝卜的种植情况。在这里我了解到原来在整个农业生产管理过程中，从采买物资到播种、管理、收获和售卖都有这么多值得探讨的地方。该村有一个流转了88亩土地规模化种植胡萝卜的农户，他在科学种田和拓展销售渠道时充分利用现代科技给我留下了深刻印象。他种植胡萝卜过程中，前期每一个精细化管理操作都是定时定量雇佣工人来实行，收获时也是雇佣人工拔出来挑拣，留大约1cm的胡萝卜地上部茎，然后直接装箱，而卖胡萝卜的过程大多是请收购商来估产，然后收购商安排工人拔胡萝卜、装箱，不需要农户自己费心费神，没有达到装箱标准的胡萝卜，农户便通过微信群、电商平台自己售卖，这种模式对我而言还是很新奇的。

调研第三天中午，我们完成日庄镇胡家庄村的花生生产调研后，小组的司机大哥带我们去买当地的特产——日庄割瓣梅花火烧。火烧店的老板是一位热情的大婶，我们刚走进店，大婶就招呼我们过去品尝她刚做好的火烧。我们五六个人，走访了一上午，确实有点筋疲力尽，这会见着了吃的，都赶紧围了上去，询问大婶火烧的价格。一番感谢之后，顺势拿起大婶递过来的火烧，边吃边跟大婶拉起了家常。谈话间我们了解到在作坊里10元能买到22个。然而我们搜了一下淘宝，经过简单包装的日庄火烧20个就能卖到32元。我不禁感叹传统特产商业化对提高一线生产者劳动收入的重要性，而网络和通信技术在其中扮演了重要的角色。现代信息化对于任何行业的发展繁荣都是至关重要的，这一点在种植户那里也得到了很好地印证，通过网络销售平台售卖农产品的农户的收入远远高于没有这种售卖渠道的农户的收入。我想，老一辈如果想改善种植和养殖模式，学习现代化农业生产模式

参观新高地奶牛养殖场

现代化挤奶设施

或是提高种养技能，仅仅靠他们自己去学习掌握农业科技知识会非常困难，这就是我们科技小院存在的意义之一吧。

第四站我们参观了莱西市店埠镇的新高地奶牛养殖场，养殖场的设备很齐全，挤奶完全是自动化的。给我们讲解的大姐说，每天养殖场的奶牛都会按照指定的路线从围栏排队进入挤奶的厂房。厂房中间是一个不停地缓慢转动着的大型圆形转盘，转盘被分隔成一个个小隔间，只要在圆盘中心位置放一些特殊的水果，奶牛就会自觉地走上前去，转盘转一圈挤完奶之后在这种特殊气味的引导下奶牛会倒退着走下圆盘，再沿原路返回牛棚。大姐说一头成年母牛的智力相当于一个6岁儿童的智力，我们纷纷感叹原来奶牛还能这样管理，明显感觉到农户的收入和工作的细致度、科技含量呈正相关的关系。

那次调研我学习到了很多，虽然那时我还是农业资源与环境专业的一名本科毕业生，但现在作为一名资源利用与植物保护的研究生，回想一下那次的调研，我才第一次实实在在地看到、了解到农业的现状和我认知中的农业有天翻地覆的差别。如果没有实地调研，就不可能依据现状找到发展农业的更好途径。调研是我们了解、发现问题的第一步，也是至关重要的一步。我们理应好好利用每一次调研成果，因地制宜，开展试验，探索推广有利于当地农业发展的技术和模式。

拍照，给厕所？！

2019年8月16日一大早，村里的会计张世乐大叔匆匆来到科技小院，问我今天是否有空。我心想大叔肯定遇到麻烦事了，需要我帮忙。于是我跟梦瑶交代了下今天的工作内容，便坐着世乐大叔的电三轮车跟他一起走了。

路上，大叔告诉我，他负责给村里的厕所外景拍照，遇到点困难，想请我过去帮忙，顺便带我在村子里到处看看。我心里充满疑惑，拍照能有什么麻烦？正说着，来到了住在科技小院后面的张京浩大叔家里，原来京浩叔也要跟我们一起去拍照。我心里的疑惑又加重了一分，拍照还需要三个人吗？难道要兵分三路，提高效率？看情形，又不太可能，因为我们三人共乘一辆电动三轮车。

带着疑惑，我们来到了第一个拍摄点。世乐大叔从包里拿出一张打印的表格，上面记录着村里每户的信息。大叔告诉我让我负责拍照编辑，京浩叔负责清理厕所边上的障碍物，他负责跟农户沟通协调。交代好之后，我们便按着表格上的名单顺序开始拍照了。那天我们三个为了给每家每户的厕所外景拍照，围着村子转了好几圈。村里人都起哄说“这个厕所都拍了一百遍了。”现在想想，确实有点好笑，但又充满了心酸。

我也是拍照间歇跟大叔们聊天才了解到，原来他们之前都是按照这种方式拍照，根据名单的编号顺序一家一户地找，经常会出现上一家在村东头，下一户就要跑到村西头了，而且为了避免重复拍照，还要在已经拍过照的排气管上做下标记。我这次拍照，看到管壁上已经有好几种不一样的标记了，想来这几年他们一直在按这种方式完成工作。这项看似简单的工作执行起来对于他们来说很费劲儿，每次都要来来回回围着村子转好几圈，而且每次还要跟户主沟通把障碍物移开等其他事项。其实对我们这些能够熟练应用手机和电脑的人来说，只需挨家挨户拍照，然后把每张照片命名好，导入电脑后重新编排，就能使照片按照表格上的名单序列进行排序，并不需要围着村南村北、村东村西来回折腾。想到这里，心里不免有些难过，在看不见的地方，像世乐叔和京浩叔一样的农村基层工作人员为新农村建设付出了多少心血啊。

记得那天下午突然下起雨来，忽大忽小的雨使我们工作起来更加困难，但是又必须当日完成。世乐叔特意给我买了把伞，让我撑着，但是他们俩就那样在雨里奔波着，终于天黑之前我们完成了拍照任务。天色渐黑，顾不上吃晚饭和稍歇，世乐叔又拉着我们赶到村医务室，原来需要借用医务

养殖户——在村庄边缘地区

张大叔为了拍照片移开玉米秸秆

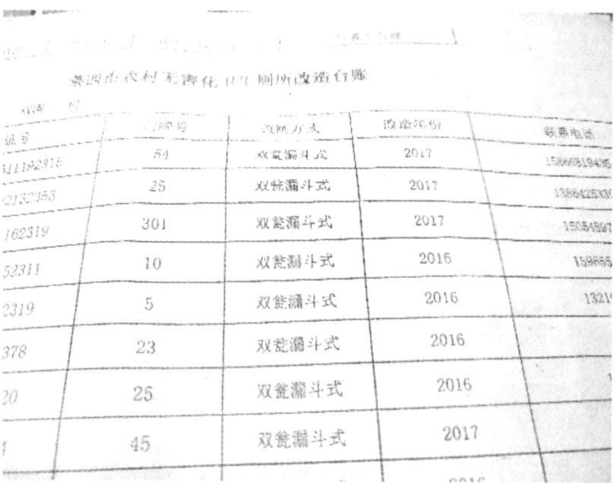

“厕所革命”名单

室大姐的电脑整理今天一天的照片。按照工作要求，每家每户需要提交厕所内部、排气管和外景三张照片，这三张照片为一个小包，每个小包的命名和排序需要和表格顺序一一对应。虽然我们是按照表格顺序拍照的，但是导入电脑总会乱序。他们每次都要对照着手机和电脑仔细分辨确认每张照片对应的农户，以确保信息无误。我心里盘算着，如果按照这种方式干活，估计得忙到深夜。两位大叔淋了雨，应该早点回家休息。我便自告奋勇说，我有更好的方法，但是需要科技小院的伙伴帮忙，科技小院也有电脑，可以完成照片编辑工作。科技小院已经在这儿扎根一个多月了，大叔们对我们科技小院的研究生们也比较认可，随即同我一起赶往小院。在我的同伴郭梦瑶同学的帮助下，我们不到一小时便完成了所有照片的整理排序。大叔不由得叹口气说：“我们真是老了，赶不上时代了，有知识有文化会使用电脑真好，村里太需要像你们这样的青年了，我们这些人只会手写，一遇到需要电脑完成的工作就犯愁，每次都得去请别人帮忙……”

“厕所革命”是农村人居环境整治、推进村庄基础设施建设、保护生态环境的重要一环。类似的工作还有很多。后来陆续还有村情公开电子表、小麦受灾统计表等，每次大叔都是手写一份，然后让我对照着制作成电子表。村里大部分人不会用电脑，这些工作对于他们来说太难了，需要花费很多时间和精力去完成，但是他们一点儿也不觉得辛苦，也从来不抱怨。我却有点儿心疼他们，如果每个需要帮助的老年人身边都有伸出援手的年轻人就好了。大叔们以“幼吾幼，以及人之幼”之心关心帮助我们，我们以“老吾老，以及人之老”之心帮助他们，相信我们科技小院和农村农民会结合得更加紧密。另一方面，如果有更多的年轻人愿意投入到新农村建设中去就好了。在互联网快速发展的今天，年轻人更容易接受信息化办公、现代化农业等新鲜事物。我也深刻地明白了乡村振兴不仅仅要实现农业、农村现代化，更重要的是乡村人才的振兴。

科技小院的研究生长期驻扎在农村一线，不仅进行农技技术的传播，而且还充分利用现代信息技术，发挥专业性和现代化办公的特长，协助本村的乡村治理工作，提高了信息服务网络覆盖面，推进乡村信息统一采集、资源互联共享，不断提升乡村治理智能化、精细化、专业化水平，提升乡村治理效率和效果，并助力乡村治理体系建设。

胡萝卜科技小院给西葫芦病株开药方

2019年8月29日晚上，我和同伴梦瑶正在屋里收拾东西，准备第二天一早回学校处理些事情。这时，后院邻居张叔匆匆来到科技小院，边走边大声招呼我们说有个人想要问一下西葫芦可不可以跟玉米一样还田。我和梦瑶听着张叔的声音赶紧迎出来，我的第一反应是为啥会有人想到这个问题呢，之前从未听说过这样的操作。于是我下意识地问，是谁家的西葫芦种植出现了问题呢？张叔说是村里的裴姨，她地里种植的西葫芦出现了问题，这会也过来了，在科技小院前面的广场上呢。

于是我们跟随张叔来到科技小院前面的广场，找裴姨进一步了解情况。原来是她地里的西葫芦不知道是什么原因叶子都焦枯了，试了各种农药也没能控制住病害的迅速蔓延，不知道还能不能治好，治不好的话，这茬西葫芦估计就长不成了，根本没办法进市场，寻思既然不能卖了，还田是不是能像绿肥一样培肥土壤？我心里想着直接拔掉秧苗未免太可惜了，不妨先找找补救的方法。于是我继续追问裴姨秧苗出现这些症状的具体细节。裴姨说一开始叶片上只是有一些密密麻麻黄色的小点点，没太当回事，但是很快大片大片的植株叶片出现不同程度的焦枯。他们开始意识到问题的严重性，便赶紧打农药，但是试了各种平时会用到的农药却都没有一点效果。我问裴姨有没有病变叶片的照片，裴姨说只顾着急了，没有拍照片。没有照片，我们也想象不出西葫芦的病变程度。但是看着裴姨焦急无奈的神情，我安慰裴姨不要太担心，先回去好好休息，等天亮了一起去地里察看下具体情况。送走张叔和裴姨后，我和梦瑶商量着，我们必须改下返校时间，回去之前得先到裴姨地里看看到底是什么情况。

第二天裴姨早早就来到科技小院，热情地请我们坐上她的三轮车。一路上小心翼翼地开着车，距离并不太远，不一会儿便来到了裴姨种植西葫芦的地块。我们先跟着裴姨的脚步边走边察看田地里植株病变的总体情况。察看一圈之后，我和梦瑶选择了一些病变严重的植株仔细观察，扒拉开上边的叶片看整株西葫芦的情况，发现有的叶片上有蚜虫，但是大多叶片上没有蚜虫及其他虫害，所以我们首先排除了是虫害引起的病变。又仔细察看一番，叶片除了焦枯也没其他病害症状，于是我们询问裴姨日常管理中的施肥情况。裴姨说就施用了鸡粪。又转了两圈，还是没发现什么问题。我和梦瑶一脸疑惑，既没有虫害，也没发现其他病害症状，到底是怎么回事呢？一时间，我们两个也想不到是什么原因。于是我俩商量着，还是咨询下陈老师吧，或许老师知道其中缘由。我随即和陈老师打通了电话，向陈老师说明了情况。陈老师说让我们拍些照片发给她看看，仅仅靠口头描述，不能判断病症。挂了电话后，我和梦瑶便开始拍照，我们尽力把不同病变程度的植株及叶片的各个角度的照片拍全，以便陈老师诊断。过会儿，陈老师打电话过来说，她联系了更专业的植物医学院的杨倩倩老师，但是还需要做切片处理才能进一步确认原因，让我们返校时带些植株叶片。于是我和梦瑶又仔细地摘取了不同病变程度的叶片，并用自封袋装好。弄完这些之后，我们告诉裴姨已经联系了更专业的老师帮忙察看，让她安心等待，便告别了裴姨。

西葫芦地

西葫芦病叶

西葫芦病株

回到科技小院，我突然想到会不会是缺素引起的呢。于是顾不得返校时间，喊着梦瑶一起查阅西葫芦缺素症方面的书籍。伏在桌上把我们拍的照片和书上有关西葫芦缺素症图

诊断西葫芦病情

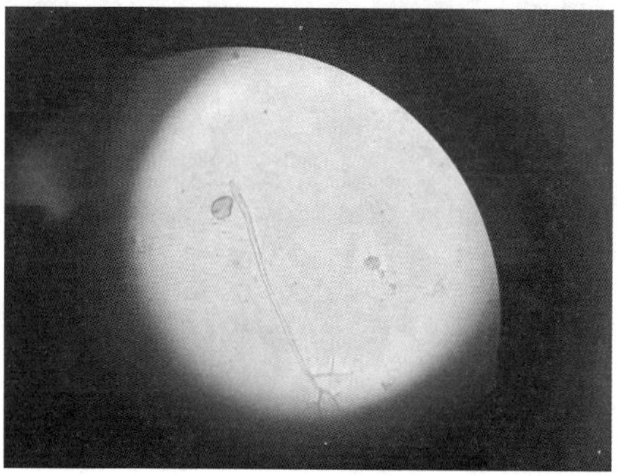

显微镜下霜霉病菌形态

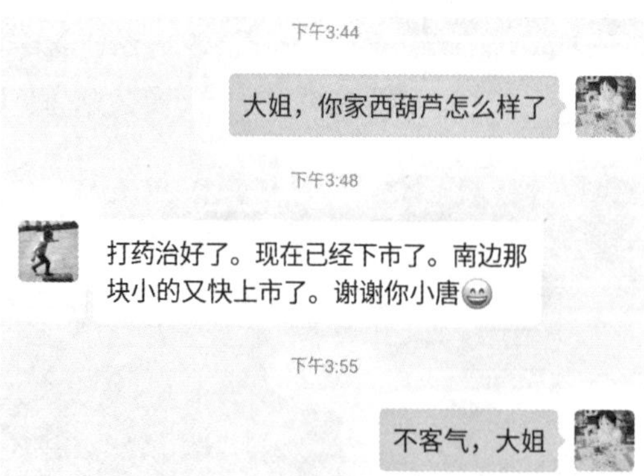

裴姨微信反馈西葫芦状况

片及症状说明进行对比，但是并未发现类似的症状。想到裴姨辛苦种植的西葫芦，现在眼看就要坏死，却仍旧找不到原因，我们心里也开始有些焦灼，现在只能把希望寄托于植物医学院的杨老师了。

回到学校已是半下午，路上陈老师告诉我们已经帮我们联系好了植物医学院的杨老师。进校后，顾不得把行李放回宿舍，回到实验室简单收拾下后，我们便直接带着样品赶紧去了植物医学院那边的实验室。杨老师正在实验室等着我们，我们简单自我介绍后，便把样品交给了杨老师。杨老师让我们坐边上先歇会，她需要从显微镜下观察切片，确认病变原因。杨老师从自封袋中取出一些植株叶片的样品，刮取叶片的病害部分做成了切片，然后放在显微镜下观察。杨老师不断调整着切片的位置，转动着目镜和物镜。一会儿，抬起头告诉我们，透过显微镜看到切片上有真菌，应该就是真菌感染引起的植株病变。我惊讶地想着原来还需要这样诊断植物的病害，第一次被知识的力量所震撼！杨老师还让我通过显微镜观察了真菌的形态，并且告诉我们这是霜霉病，可以用烯酰吗啉来防治。怀着激动的心情，我立马微信联系了裴姨，告诉了她这一好消息。

接下来几天，裴姨按照我们的解决方案给西葫芦喷施药物，我也每天期待着能收到裴姨的好消息。过了几天之后，我紧张地拨通裴姨的电话，询问西葫芦的治疗情况。裴姨说按照我们的方法已经治好了病害，这茬西葫芦可以陆续卖上十来天呢。裴姨在电话那头不停地对我们道谢，说多亏了我们，才没有造成经济损失。听到裴姨的这个好消息，我心里的一块石头也终于落地了。

在老师们的帮助下，我第一次实实在在地用我们的努力帮到了村里的农户，也更加体会到我们长期驻守在农村和农业生产一线的意义。赠人玫瑰，手留余香，其实，我们在帮助农户的同时也收获了更多的农业知识，吸取了更多的农业生产经验，我们也为能得到村民的信任而感动。在今后的工作生活中，我会更加努力，以撑得起农户们的这份信任！

观测滴灌悟学习

2020年8月份整个基地要开始播种秋茬胡萝卜，基地的茂山叔说要按照大棚的所在位置依次顺序播种。我们的试验棚位置比较靠后，所以得最后几天才能播种了。茂山叔知道我们要进行试验，播种完后需要及时安装滴灌管道等，怕我们着急，便安慰我们说播种完后会第一时间告知我们，不用天天到地里察看是否已播种。

我们之所以在该地区开展胡萝卜控制用水量的试验，一方面是由于设施胡萝卜生产需水量非常大，但是当地的水资源比较紧缺，另一方面肥料中的硝酸盐、钾离子和钙镁离子易随水淋失，不合理的灌溉不仅会造成养

安装小开关

1 小时 8 分钟剖面水分情况（横向）

1 小时 8 分钟剖面水分情况（纵向）

分损失，降低养分利用率，而且这些物质渗入地下水通过径流会造成大面积污染，对人体、环境都会造成危害。因此，我们计划通过开展试验，探索设施胡萝卜精准控水的栽培规律。前期，我们在试验大棚里同时规划了几个对比试验区域，每个试验区域要严格控制灌溉水量，因此需要铺设的滴灌管道比普通农户大棚里的管道复杂得多。

8月8日早上醒来就收到茂山叔的消息，说我们的胡萝卜棚已经播种完了，可以安排工人去大棚铺主管道了。匆匆吃过早饭后，我们便赶着去试验大棚了。来到胡萝卜大棚后，我们先和工人商议铺设管道的方案，大棚的管道铺设还需要准备控制每一条滴灌带的小开关和分流的“三通”等，这些都需要去镇上买。于是梦瑶和茂山叔一起去购买材料，我留下来先在大棚里安装土壤水分传感器。土壤水分传感器可以检测土壤实时含水量，后期试验中可以根据土壤实时含水量、胡萝卜凋萎含水量和田间持水量来计算胡萝卜不同生育期的灌水量。按照胡萝卜生长发育需求及时调控水分供应，在保证胡萝卜正常生长的情况下，既节约水资源、保证养分，还能提高胡萝卜的产量和质量，真正做到提质增效。

传感器

安装好土壤水分传感器后，一直萦绕在我脑海里的是如何解决灌水量计算的问题。通常在计算灌水量的时候是用“灌水量=灌水面积×灌水深度×土壤干容重（体积田间持水量-土壤实际体积含水量）”公式。因为胡萝卜是一垄双行种植，同时一垄有两条滴灌带，所以我还需要知道滴灌时的面积和深度与常规方式的区别。我猜想滴灌时水分可能不会以平行于地平线的形式浸湿土壤，所以我需要了解一下水分的下渗剖面形状，才能计算出一个系数，然后计算出滴灌时的实际深度。同时，我猜想水分会以滴灌管的出水点为圆心，呈半球形向下扩散，一垄上两条滴灌带的出水口滴出的水分两两汇合，最终一垄上的浸湿土壤会呈弧面朝下的“半个圆柱”的形状。当时试验棚的滴灌管道还没有安装好，而我却迫切地想验证这个猜想。于是我找到了一个播种完成并且铺好滴灌管的大棚，选取两个相邻的出水点，挖出两个土壤剖面来观察滴灌时水分下渗的实际情况。

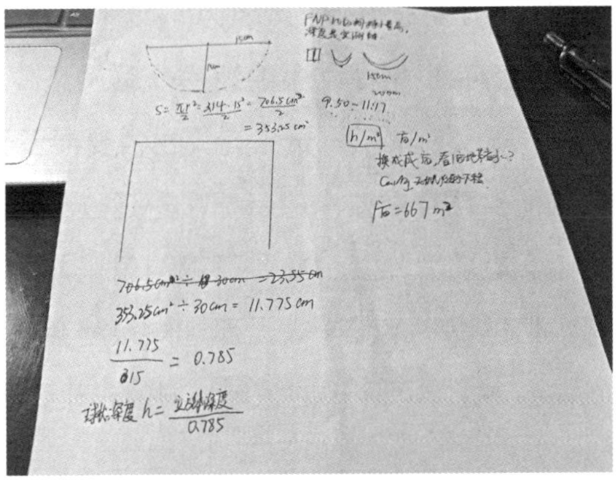

按面积比例折算灌水深度

那天阳光很好，大棚里的高温让人不想靠近，但是为了验证自己的猜想是否正确，我和同伴郭梦瑶仍然充满激情地等待着。上午9:48，我选好的大棚开始滴灌。中间一直进进出出大棚，以让外面的风暂时缓解大棚里的高温带给我的不适，但不想错过水分下渗的每一个动态，又要频繁地进入大棚给土壤剖面干湿的分界线拍照。滴灌了两个小时之后就12点多了，但是第一次滴水需要四个小时才能滴透垄上的土壤。路过的大叔大婶都让我们先回去吃饭，但是我们仍然开心地坚持等待着最后的结果，最后一直到下午1:30灌水才完成。我们观察土壤剖面发现滴灌的水分是以半球形向土壤中下渗的，在剖面形成一个半圆形，我的猜想是成立的。虽然是很简单的一件事，但在我的猜想和验证下，可以放心地用公式来计算灌水量了。

最后我根据抽水泵的速率，也就是一小时能抽几立方米的水，同时根据胡萝卜实时的需水量来计算出需要灌多长时间。经过简单但繁琐的计算，我就能实现精准控水的目标了。通过自己的努力解决问题的过程真是十分忐忑又有动力。不积跬步无以至千里，学习的很多知识可能当下并没有用到，但是说不定某一天，那个知识就会出来拉你一把。这次的经历不仅让我体会到了学以致用的乐趣，同时也让我更加坚定了终身学习的信念。

我与科技小院共成长

2020年9月初，导师陈延玲老师对我和梦瑶说，本月27号会有专家领导莅临科技小院指导工作，让我们提前做好准备。莱西科技小院成立以来，经常会有接待任务，我和同伴郭梦瑶入驻科技小院一年来，也已经负责过几次接待，虽对接待任务谈不上轻车驾熟，但也能做到差强人意。所以在接到陈老师的通知后，我们并未太焦虑。在完成大棚试验工作之余，按照日常的接待有条不紊地做着准备。

大约在接待日前一周，陈老师给我们发了接待日程安排，以及将要莅临科技小院的专家领导名单。9月27日，青岛市科协二级巡视员王军、学会部部长刘红英，青岛农业大学资源与环境学院院长崔德杰、副院长辛言君，莱西科技小院基地负责人陈延玲老师、农业传播与教育技术中心朱少叶老师以及莱西市农业农村局、莱西市科协、店埠镇政府的领导等一行9人将赴莱西科技小院指导工作。看着这份名单，紧张焦虑感一下子涌上心头，这些级别的领导专家我们从未接触过，更不要说接待了，这么隆重的场合，真担心到时候会不会紧张到说不出话、会不会招待不周、会不会出现差错……于是我打电话对陈老师倾诉了我们的担忧。陈老师很镇定地告诉我们按照日程安排做好准备工作即可，不用太过担忧，她会参与每一环节，必要时会第一时间站出来协助我们。有了陈老师这句话，我们才稍稍放心。接下来几天，我和梦瑶小心翼翼地

厚厚的莱西科技小院日志

王主席了解小院

梦瑶为大家讲解科技小院

我为大家讲解“1351”研究模式

我为大家介绍试验田设计

大家为当地胡萝卜可持续发展提供新思路

做着各项准备，我每天都和陈老师打电话请示对接各个细节，生怕有所遗漏或出现差错。

27日一大早，陈老师早早来到了科技小院，查看我们准备工作，夸赞我们的准备工作做得很到位。几天来提着的一颗心才稍稍放松一点。虽然仍十分紧张，但是既然无法逃避，只能故作镇定。陈老师还给我们带来了印刷好的《莱西科技小院日志》，厚厚的一本书。没想到一年来我和梦瑶两个人竟然写了113篇日志，12万多字。一页一页翻看着，一点点回味着当时的情景，心里竟莫名有些成就感。厚积薄发、跬步千里。想想平时无论学习还是工作，自己都是认真对待，从不敢有侥幸心理。想着日常工作的点点滴滴，看着手里这本崭新的书目，心里踏实许多，深吸一口气，紧张感又少了一分似的。环境的嘈杂声把我的思绪拉回了现实，我轻轻地把《莱西科技小院日志》放置好，继续拾起领导专家莅临前最后的准备工作。

陈老师总结我们科技小院的主要工作

大约上午9点左右，专家领导们陆续来到了小院。一切都有条不紊地推进着。在老师们的带动下，压力也小了很多。我们的第一项任务是向专家领导们汇报莱西科技小院的建设进程、目前全国科技小院的分布发展情况和“1351”技术研究模式在店埠镇的应用等三部分内容。梦瑶负责汇报前两部分内容，我负责汇报第三部分内容。为了能使专家领导充分了解这些内容，也为了汇报时语言组织更顺畅，事先我们把这些内容做成了展板，汇报时只需对照着展板汇报日常工作进展就行。虽然我已经非常了解这部分内容，也预演了好几次，然而在梦瑶汇报前两部分内容的时候，心里还是非常紧张，一直暗暗做着深呼吸，努力克制自己的激动情绪。

大家一起讨论科技小院更好发展的途径

梦瑶介绍完前两部分后，我开始按照自己的思路对照展板进行汇报讲解。刚开始讲时，紧张的有些卡嗓子，能明显感受到自己声音里带着一点颤抖。不过随着慢慢展开讲解，当看到大家认真地看着展板，老师也露出肯定的表情，我紧张的情绪立马烟消云散了，终于顺利讲完。而后，一行人又参观了科技小院集成技术示范田。示范田是我和梦瑶亲自建立起来的，每一个环节我们都相当熟悉。在示范田里，我游刃有余、自豪地给大家介绍了示范田的设计情况，而后专心听取领导和老师们的建议。

最后一项任务是科技小院发展座谈会。会上陈老师介绍了莱西科技小院的主要工作及自成立以来的主要成果。我跟着陈老师的讲解回顾了自己一年来的努力和收获，想着我们从零到现在取得的成绩，内心不禁泛起一阵阵涟漪。座谈会上，王军主席还对莱西科技小院发展方向提出了非常多宝贵的建议，有很多精彩的想法，并且对科技小院提出了两点期待，一是要做精，二是要总结到位，从而实现莱西市胡萝卜产业的可持续发展。王军主席的一番话使我深受启发，进一步拓宽了我的工作思路，也让我内心的使命感更加强烈，我想我们能做的还有很多，还有更多。

莱西科技小院晚间课堂开讲了！

2020年11月14日下午，陈延玲老师给我们打电话，说原定于当晚在双河村开展的晚间课堂可以如期进行，等忙完学校的事情就会出发来双河村和我们汇合。当晚的培训内容是胡萝卜高产高效施肥管理技术，我和我的工作小伙伴郭梦瑶都觉得这对村里的胡萝卜种植户来说是一次非常宝贵的学习机会，于是我们就赶紧通过微信群告知了村民这个好消息，担心村民不能及时收到消息，我俩又找来了之前做调研时整理的通讯录，按通讯录上的联系方式挨个打电话通知农户。

此次晚间课堂定在晚上7点钟开始，下午6时40分左右，便陆续有农户来到了科技小院，见课堂还得一会儿才能开始，便在科技小院门口的广场上闲聊起来。我和梦瑶透过窗户看见门外的农户们，连忙迎出去，热情地招呼他们到培训室等候。刚进来培训室，大家有些拘谨，我和梦瑶便和农户们拉家常、聊庄稼地，果然，过会儿我们便自然而然加入了他们这个“小团体”，气氛也活跃起来，其中一个农户还拿出一根山药，说地里种植的山药好多底部出现腐烂，问我们知不知道原因，有没有办法防治。我和梦瑶拿过山药，细细观察山药腐烂情况，但是一时也无法确定问题的根源，恰好这时陈老师也赶着培训时间点来到了培训室，了解情况后，询问农户山药种植期间的肥水、用药等生产管理情况，然后根据山药的腐烂情况给出了初步诊断结果，并让我对山药腐烂部分进行拍照，以寻找这方面的专家进一步确诊，确保对症下药，帮农户解决实际生产问题。

陈延玲老师为农户答疑解惑

解决了山药腐烂问题后，陈老师又和农户们聊了很多农作物种植管理方面的问题，农户们也没有了刚进门的拘谨，一个接一个地抛出各自遇到的农业生产问题，陈老师都耐心地一一解答。眼看已经7点10分，农户们的疑问好像还是非常多，但是也到了该进行晚间课堂的时间了，陈老师让农户加我们的微信，说会后再为农户们一一解答。此时正逢胡萝卜收获季节，莱西市店埠镇是有名的胡萝卜小镇，每到这个季节，村里的农户大都会外出

陈延玲老师与农户交流

陈延玲老师培训中

农户拍照记录重点知识

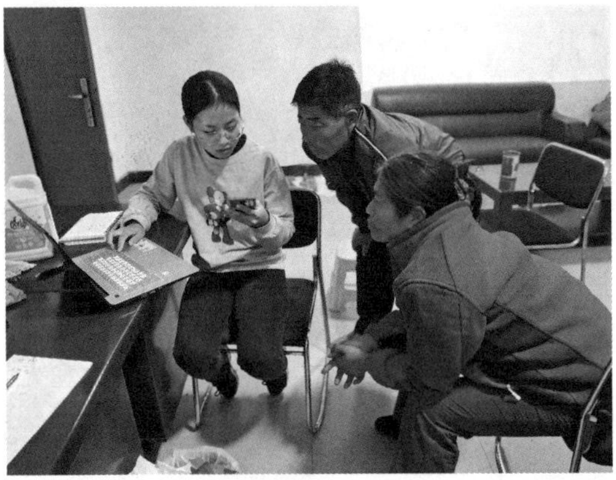

我为农户答疑

帮人收胡萝卜，赚些生活补贴，所以培训会刚开始时，还有收工晚些的农户陆续赶着过来参加培训。

晚间课堂正式开讲了，课堂上陈老师首先简要介绍了莱西科技小院的由来以及选定胡萝卜作为研究对象的原因，还指出了胡萝卜作为莱西市店埠镇的名品代表近年来却不断出现产量和品质下降等问题，进而引出此次晚间课堂将从“限制胡萝卜产量和品质提升的主要生产问题”及“针对生产问题的主要解决措施”两个方面展开培训。培训中陈老师还向农户们介绍，通过前期对莱西市店埠镇胡萝卜生产现状的调研和取样测定，发现店埠镇胡萝卜产量水平和品质参差不齐、土壤质量严重降低、土壤养分不平衡、土壤酸化和盐渍化严重等问题，这主要是由大量喷施农药、养分投入与吸收在数量和时间上不匹配、大量灌水导致养分淋洗严重、忽视中微量元素肥料施用和过量施用化肥，尤其是铵态氮肥等不当的农业措施造成的。针对近年来胡萝卜种植的一系列问题，主要可以采取两个方面的解决措施：一是重塑健康的土壤体系，通过石灰氮高温闷棚杀菌，然后用生物有机肥培肥来改良土壤；另一个是采取水肥一体化滴灌精准控制胡萝卜种植过程中的水肥用量，既能节约水资源，精准控水，又能精准匹配胡萝卜生长发育所需养分，从而提高胡萝卜产量和品质。

课堂上，农户们也踊跃参与，积极回应陈老师讲到的问题。陈老师讲到胡萝卜缺硼症状时，农户们豁然开朗地说以前一直以为是缺钙导致的裂根和空心；讲到胡萝卜种植过程中灌水过多会导致土壤养分淋失，不仅浪费水资源，随水淋失的硝酸盐，磷、钙、钾离子还会造成地下水污染，同时也会影响胡萝卜的品质，农户们才恍然大悟，说种植时都是凭经验，而且每次看着水井里水缺了，反而更想趁有水的时候多灌点怕下次没有了，现在才知道原来水浇多了也会导致胡萝卜裂根；讲到胡萝卜生长发育施肥要求时，陈老师建议大家膨大期前最好用上高氮高钾肥，农户则面带疑惑地询问，这样的肥料难买到，磷酸二氢钾行不行，得到肯定的回复后，又讨论起磷酸二氢钾的价格以及养分含量……

培训现场

一个半小时后，课堂在“热火朝天”的讲解、提问、答疑中终于结束了，但是农户们还意犹未尽地围着陈老师咨询，有的农户询问花生种植管理的问题，有的农户询问能否用鸡粪来代替老师讲到的生物有机肥……每个农户的疑惑陈老师都耐心地一一解答。

在整个培训和互动过程中，陈老师用农户能理解的语言将植物营养及土壤学的理论知识传递给农户，让农户不仅知其为，更知其所以为。对于农户提出的问题给了具体的解决方案，在没有增加农户种植成本的同时，实现胡萝卜高产高效施肥管理。这次晚间课堂，陈老师给我和梦瑶在科技小院开展晚间课堂做了很好的示范。同时，我也能深刻地感受到农户们对知识的渴求，对农作物给予的厚望，真切地感受到农业技术推广任重而道远！这一刻，我也深深体会到了我在科技小院的使命，真切地感受到“让农业插上科技的翅膀”任重而道远！我暗自下决心努力提高自己的专业知识和技能，扎根一线，推广农业技术，为农户们解决实际生产问题，农业广阔天地大有可为！

赵 颖

山东莱西胡萝卜科技小院成员，来自河南洛阳，23岁，本科毕业于商丘师范学院，园林专业，现为青岛农业大学2021级硕士研究生，师从张福锁院士/陈延玲副教授，研究方向为有机物料提升胡萝卜品质的生理机制。

初遇小院

2021年7月13日，我拉上行李箱，又一次踏上了求学的新征程。7月15日下午三点，我到达了莱西科技小院，那天，地面微湿，空气却格外清新。

离开家乡之后，父亲写了一篇文章《儿行千里母担忧》（附后）。文章里，父亲提到，在送我坐上开往市里的车之后，母亲就开始掉眼泪，父亲虽然劝母亲，心里也是有些酸楚，他对我母亲说：送儿千里，终有一别，女儿独立前行也说明她长大了。我看到文章，心想又不是不回来了，但是眼泪还是忍不住流了下来，也许是不舍离开，也许是心伤亲人离世。

下高铁了，农村的空气真的好

看到我们即将试验的大棚

来科技小院之前，外婆刚刚过世，外公也积劳成疾住进医院，手术刚结束，而我此刻却不得不开启研究生求学生涯。斯人已逝，父母尚可照顾家庭，也许我努力完成学业，才是对他们最大的安慰、最好的回报。送完外婆最后一程，便去探望躺在医院的外公，坐在外公的病床边，外公拉着我的手说，不用担心他和家里的事，只管学好知识和本领，回报国家和社会。外公从年轻时便在林场工作，是一名共产党员，得知我收到硕士研究生的录取通知书时，外公开心地说，现在年轻人选择学农业的很少了，既然选择学农就一定要好好努力，感恩乡土、感悟乡村、感知乡音、感动乡民，心系“三农”、情牵“三农”、行为“三农”。带着家人的殷切期盼和矢志“三农”的理想，我整理好行李和心情之后，等待着随时出发远行。

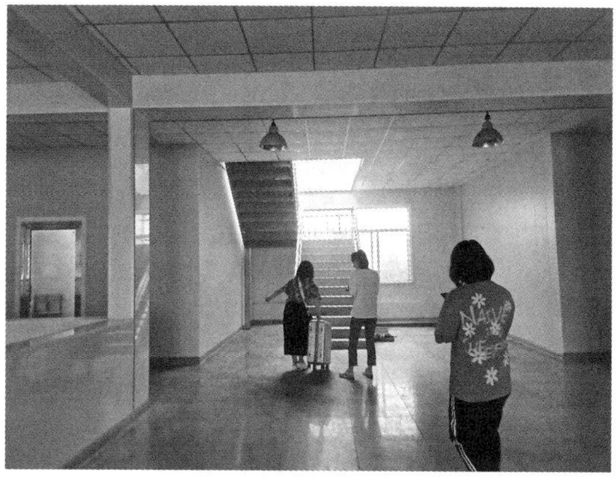
师姐师兄热情帮忙拿行李

历经两天的路程，我正式入驻到了莱西科技小院。之前，通过报告会和网络查询，我对科技小院有一个大致的了解。科技小院首先是与农民一起开展高水平的科学研究，创新技术，形成绿色增产新模式，推动农业转型，其次是对农民进行技术培训，“零距离、零时差、零门槛、零费用”服务农民，丰富农民的文化生活，促进乡村文明建设，推动

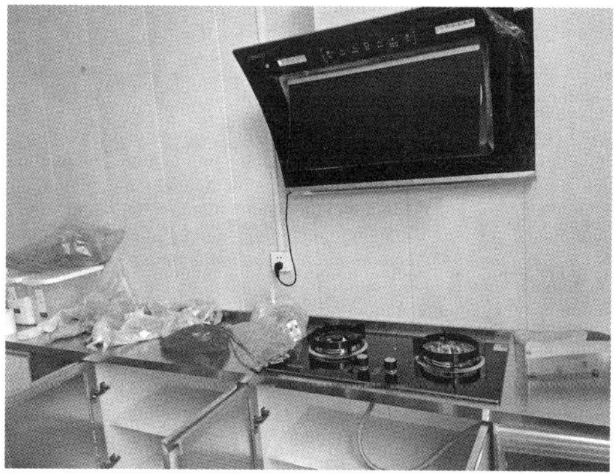
收拾厨房啦

采购物品

做饭啦

培训室

到小院的第一次开伙，师兄师姐夸我做的饭好吃

农村发展。这也正是我矢志“三农”的梦想。为了锻炼自己，加之有过宣传工作经历，我主动报名承担了莱西科技小院公众号的推广工作，以便更深入地了解科技小院，也更近距离地接近农户，了解农户需求，真正做到服务“三农”。

在家里，我一直是非常受宠的一个孩子，母亲几乎不会让我独自做饭、洗衣服、干家务活，很难想象，来到这里第一天，我需要坐三轮车去镇上赶集买菜、自己烧火做饭、刷锅洗碗，甚至打扫厕所卫生……晚上，躺在床上，我彻底失眠了，我想家，想念父母，想念家里舒适的环境，蒙上被子，任由泪水在面颊流淌，一个声音在问，你为什么要学农业，为什么到科技小院来，为什么不待在舒适的校园……不知过了多久，朦胧中师姐在教我开煤气灶、熬汤、蒸米饭、炒菜，师兄在制备打扫工具，其他小伙伴在把科技小院布置的更温馨一些。饭煮好后，大家围过来，帮忙摆放碗筷、盛米饭、端菜，所有人到齐后，有说有笑地开始吃着我生平第一次做的饭菜，还不断地夸奖我做的饭好吃。吃完饭后，一起收拾碗筷，打扫卫生，然后师兄师姐要教我骑三轮车，脚刚踏上脚踏板，倏地醒来，原来这一切是白天的映像，只觉脸有些紧绷，掀开被子，抬头望望窗外，弯弯的月牙儿正斜挂在夜空中，安详静谧，既来之则安之吧，何况这是通往理想的必经之路，既然选择了农业就不会轻言放弃，我可不是那么容易被打倒的，听着师姐们和小伙伴们微微的鼾声，我也渐渐进入了梦乡。第二天早上醒来，疲惫感已烟消云散，收拾利索，赶紧投入到了忙碌的工作中，师姐带我们去了试验基地。在那遇到几个当地的农户，见我们过来，大叔大婶们热情地向我们打招呼，但是师姐们和他们的对话让我一头雾水，因为来自河南的我对这里的方言一无所知，见我有些局促，师姐告诉我，农户们都很淳朴，只要有耐心，有热情，一定会解决好这些问题的。

第一次坐三轮车采购

望向夕阳

傍晚回到科技小院，走到科技小院门口，抬头看到西边天空霞光满天，想象着霞光下绿油油的农田，心想：既然来到了科技小院，我一定尽自己所能为农业做出贡献。

儿行千里母担忧

女儿今天要到青岛农大上学。原打算去送她，但是由于我得了急性肠炎，家里又有老人住院，只好让孩子一人远行，在临走前，她妈妈再三叮嘱，是不是忘记了什么东西，等豫州行客车到了以后，我们把行李搬上了车，在向孩子回首告别的一瞬间，鼻子一酸，禁不住流下泪来，我也心里一阵酸楚，我安慰她说，没事，等咱们抽出空来去看她，儿行千里，终有一别，孩子能独立前行，说明女儿长大了。小鸟总会离开妈妈的身边，到社会上去闯荡，你应该高兴！妈妈翘首企盼的神情。既不放心，又期盼有所成就。

——来自父亲

第一次接触农田　拥抱农业

2021年7月25日，是一个值得纪念的日子，这一天，我第一次真正接触了农田。

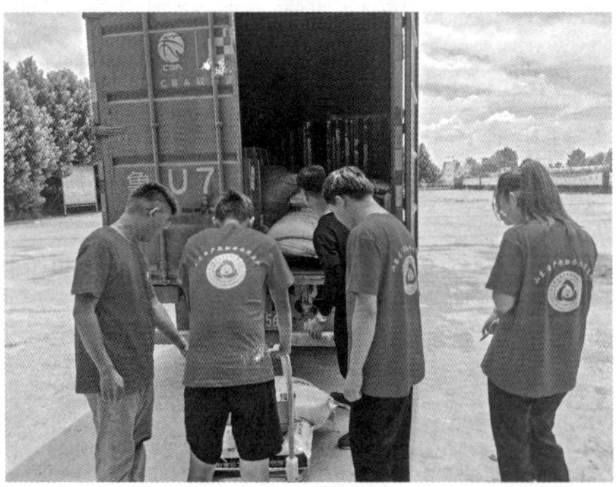

取肥料

我出生在城镇，从小跟着父母在城镇长大，虽然父母以前生活在农村，但是参加工作后很少带我回农村，更别说带我下地干农活。儿时常听奶奶说农村的生活比较淳朴自然，农村的空气也比较清新纯净，农村绿油油的田野、五彩的野花、清澈透亮的天空也让人怡然自得。每每听完奶奶的描述，我都不由心驰神往，却始终没有践行过，所以直到现在我对农村、农业的认识依然很模糊。

数肥料

本科时期，我就立志要为“三农”服务，考上研究生后又很幸运地入驻到了科技小院。报到那天，我带着饱满的热情来到科技小院，但是对于自己没有接触过农业又比较担忧，不过好在师兄师姐详细地给我们新生介绍了科技小院的工作，热情地带我们参观工作场所、试验基地，耐心地指导我们如何独立生活，我逐渐适应了这里的生活，正式进入了工作状态，也对未来有了更加清晰的认识。

写施肥量

记得执行第一份任务时，那天太阳火辣辣地照着大地，师兄师姐已经穿好防晒服，戴好草帽，准备随时开展工作，同时教我们如何穿戴以防我们被太阳灼伤，还不停地指导我们接下来如何开展工作，一切准备妥当后，郭梦瑶师姐开

称肥料

分配肥料

倒肥料

坐三轮车去农田的路上

始教我们怎样记录施肥量及称量肥料。刚开始，我十分紧张，出现了很多基础性的错误，如拿错袋子、记录错误、使用错误、把肥料撒了一地……好在师姐不厌其烦地一遍遍耐心指导，同学们之间也相互加油打气，我终于慢慢进入了状态。上午的主要任务是称量肥料，根据试验大棚划分的试验区域，计算出不同区域内植物所需营养元素的肥料重量，分别称量氮磷钾肥料以及有机肥，并标注好不同区域所需肥料量。完成这项工作已临近中午，匆匆吃过午饭，去宿舍休息片刻，迎接下午的施肥工作。

下午新的工作任务正式开始。我们把称量好的肥料运到试验大棚，按照标记放到不同的试验区域，师姐给我们分配了工作任务，并示范如何撒施肥料，我们便开始分工合作，在各自的区域内撒施肥料。果然，由于紧张又没有经验，在施肥过程中，我做得非常慢，效率很低，在平分肥料的时候，我还把塑料袋给弄破了……身旁的同学很细心地教了我很多次，指导我怎么样做能提高效率，在虚心接受别人的意见后，我的工作效率确实得到了提高。一直忙活到傍晚，撒施完肥料，还需要把外面的菌渣运输到大棚里，此时，汗水早已湿透了我的衣服和脸颊，我十分疲惫，瘫坐在那里，不想再继续运输了，但是看到其他同学都在认真卖力地干活，我感到有点羞愧，就继续奋力行动起来。天色慢慢暗淡下来，又过一会，四周已经漆黑一片，天完全黑透，运输菌渣工作越发困难，刚好，附近的农户看到我们黑灯瞎火地还在干活，十分热心地给我们带来了手电筒，并热情地帮我们分担些力所能及的任务，就这样又忙活了大概1个多小时，我们终于把菌渣全部运到了大棚里，农户看着我们疲惫又兴奋的样子既心疼又欣慰，我们看着朴实热情的农户充满

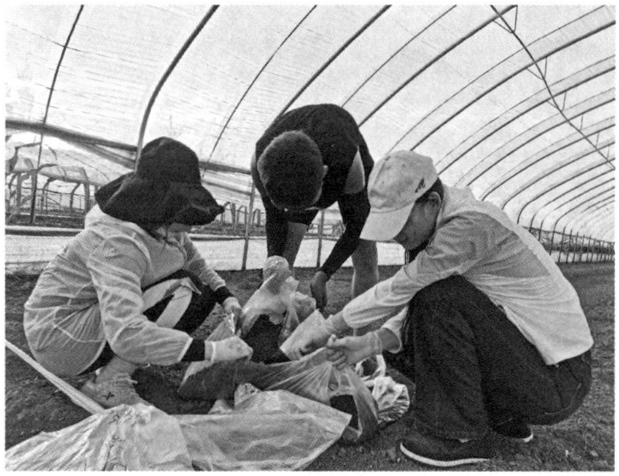

工作中

撒肥料

傍晚继续干活

铺平菌渣

与农户交流

查看起垄旋耕

了感激。也更加坚定了自己所选择的道路。乘着月色，徐徐微风抚平了一下午的烦闷、焦躁和疲倦，我们回到了基地，狼吞虎咽地吃了晚饭，我洗过澡后躺在床上回想着一天的事情，不知不觉进入了梦乡。

一觉醒来已经是第二天清晨，此时的眼皮好像有千斤重，抬一下都很吃力，双臂、双腿和背部的疼痛感也一阵阵袭来，怎么办，今天还能下地干活吗？要不要请假一天？这条道路是否值得坚持下去？内心不停挣扎着，最后终究是不服输的那个我战胜了想要放弃的我，是的，我绝不能被眼前的困难打倒，伴随着浑身的疼痛感，我还是早早起床了。吃过早饭后，我们又来到了大棚试验田，今天的任务是把菌渣铺平。我们先带好装备把蘑菇菌渣的塑料袋全部捡到一起，带到大棚外面，以防这些袋子在地里腐烂影响试验，接下来是铺平这些菌渣，我们先用铁锹把堆在一起的菌渣撒施平摊，然后再用耙子均匀铺开，这在个过程中师姐又教给我很多小技巧。这一天依然是忙活了整整一天，但已经没有昨天那么疲惫不堪了，看着初具雏形的试验田，心里有了一点点成就感，期待着试验田在我们细心呵护下能获得大丰收。

炎热的夏天傍晚，鸟儿在后窗的树上叫得有些筋疲力尽，我趴在窗户上看月亮，静谧的月光下，隐隐约约看到准备回家的农民们。我又想起，在来科技小院之前，我阅读了很多关于科技小院的故事，对其有了一定的认知，也学习了一定的农业知识，而科技小院就是一个最好的实践平台。虽然第一次接触农田、干农活，自己效率比别人低一些，但是我面对困难没有退缩，也在尽力完成工作任务，并且认真地做了记录，相信以后的我会变得更加坚强勇敢，意志力也会更加坚定，技能也会更加娴熟。更重要的是，在这一过程中，爱上它。

张宏彦教授说："解民生之多艰，首先要理解，然后是解决，不扎在农村怎么理解？农村是落后，农业是存在问题，越是这样，我们越得管！让农民的日子好过一点，整个国民经济就能上一个大台阶。"通过这次的亲身实践，我才依稀明白张教授这番话的意义，在接下的日子里，我将通过科技小院这个平台不断加强自身的理论和实践研究，更加近距离地拥抱农田、农村、农民，真正为农业做出贡献！

张培强

青岛农业大学莱西胡萝卜科技小院成员，来自陕西西安，24岁。本科毕业于榆林学院，园林专业。现为青岛农业大学2021级硕士研究生，师从张福锁院士/陈延玲副教授/朱丽萍讲师，研究方向为胡萝卜根际功能微生物的挖掘与应用。

张培强

科技小院改变了我对“三农”的认识

来到科技小院已经38天，前23天我跟着师兄李久洲驻扎在于旺庄村的莱西兄弟家庭农场，后面根据工作需要，我来到了位于莱西市店埠镇的山东省产教融合研究生联合培养示范基地。虽然来到小院只有短短的一个月时间，但这期间的所见所闻使我收获颇丰，也改变了自己不喜写作、不做笔记的坏习惯，对农村也有了进一步的认知。

在科技小院的这段时间，我对“记录”有了新的认知。之前的记录只是在上课听讲和自己读书时做一些笔记。自来到科技小院后，陈延玲老师要求我们不仅要做好学习笔记，还要将每天所做的事记录下来，并简单规划一下每日的工作，通过这一个月的记录，我的改变很大。现在想想，之前未养成写日记的习惯，以至于过去一些印象深刻的事情，虽然还会偶尔浮现在脑海中，但当时情景下的所思所想却再也无从得知了，不得不说是一种遗憾。虽然现在学习、工作繁忙，每天做笔记、写日志都要忙到深夜才能完成，但是我相信每天用笔和照片将实验操作、培训体会、文献、外出调研等事项认真做好记录，日积月累，这些材料一定会成为我人生中最美好最宝贵的一笔财富。

通过一段时间的工作和学习，我对“三农”也有了进一步的认知和思考。以前我总是觉得农业就是在地里播种、施肥、灌水、收获，但对生长期追肥、土壤盐渍化、滴灌技术完全没有概念，直到来到科技小院之后，我才发现我对农业的认识是多么浅薄。通过最近一段时间的文献学习和田间试验，试验田的胡萝卜设施生产模式和先进技术理念刷新了我的农业观。对于施肥，我原本单纯地认为在作物种植时施肥一次就可以了，现在明白在其生长周期也需要肥料营养的补给，如我们的胡萝卜需要基肥、定苗追肥、莲座期追肥、肉质根膨大期追肥等等。

大棚里施肥前分区

胡萝卜大棚里土壤盐渍化、锈化严重

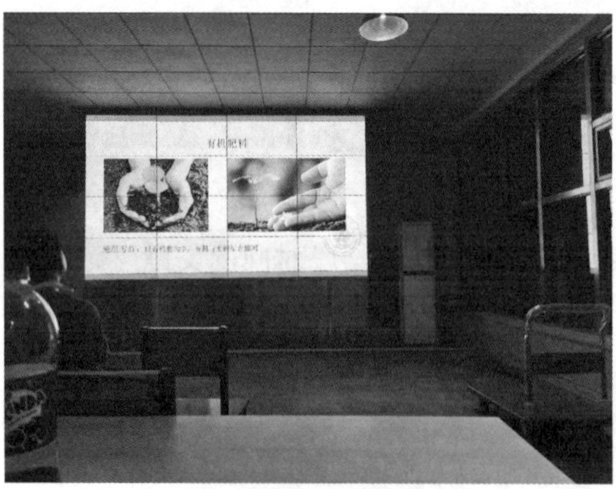

晚间专业知识培训

记得有次去田多多农场的胡萝卜试验田观察时，我第一次认识了土壤盐渍化这个问题，在观察试验田时，我发现试验田中胡萝卜出苗率很低，而且长势也不太好，白色、红色细微颗粒遍布的土壤表层零零散散地冒出些胡萝卜绿秧苗，出于好奇，我又察看了其他大棚的出苗情况，也是如此。回到基地后，我向陈老师报告了观察到的这种现状，陈老师告诉我这是因为此处的土壤常年种植同一种蔬菜，造成土壤养分不均衡而出现的土壤盐渍化、酸化现象，这也是我们在这里开展设施胡萝卜精准施肥控水的原因。

听完陈老师的话我才恍然大悟，之后，便照着这种思路去搜集相关的文献资料，探究大棚中土壤表层遍布的白色和红色颗粒形成的原因，通过梳理文献，我才了解到红色颗粒是由于长期不合理施用化肥导致的土壤酸化，致使土壤中铁、锰、锌等离子溶解汇集土壤表面，土壤干之后铁、锰等离子被氧化从而生成红色斑状物。白色颗粒物则是滥用化肥导致土壤表层含盐量升高，还有部分土壤底层或地下水的盐分随毛管水上升到地表，水分蒸发后，盐分积累在表层土壤中而形成。另外，土壤受污染程度不同，土壤表层还会出现青苔、红霜、白霜等现象。

依稀记得父母那一辈给田地浇水一般是大水漫灌，打井、铺设灌溉水带、安装电泵抽水，一块田地常常要浇上一天时间，还必须时时刻刻在那盯着，沿着田地来回查看，以防水流到别人田地，父母那时的疲惫艰辛到现在依然历历在目。在跟随科技小院的师兄师姐们开展胡萝卜试验田期间，我第一次了解到了滴灌技术，滴灌技术可以借助压力灌溉系统，通过可控管道将可溶性固体肥料或液体肥料配兑而成的肥液与灌溉水一起均匀、定时、定量地输送到作物根部，以满足作物对水分和养分的需求，这种方式不仅节水、节肥，改善土壤养分结构，还省时省力。

科技小院改变了我对“三农”的认知，打破了我对农业的刻板印象，我想也许农业领域还有很多很多知识值得我去探索。作为科技小院的一员，我的首要任务是走好脚下的路，不断去探索发现农村、农业、农民所遇到的实际问题，跟随导师和师兄师姐们通过试验一步步了解新型农业生产技术，将“三农”问题与自身专业相结合，才能真正地为农户们提供更好的帮助和服务。

照片里的故事

2021年7月6日，上午我和李久洲师兄正在田间测样，我的手机嘀嘀两声，提示有新收的邮件，打开一看，是全国科技小院网络发来的关于举办科技小院摄影大赛的活动通知，仔细看过大赛举办时间、要求、形式等信息后，内心有点小激动。我驻扎乡村的这段时间除了每天跟着师兄师姐奔波在田间地头做试验和调研，还利用间歇时间拍摄了不少关于乡土人情和乡村风貌的照片，想想正好可以借此机会展示一下我们莱西玉米科技小院以及周围村庄的风貌。

活动要求所有参赛作品需围绕农民、农村、农业、科技小院及小院生活等五个主题，且每个主题最多提交两幅作品，并对作品进行简要介绍。经过反复揣摩我之前拍摄的照片，最终，我一共选取了五张照片提交给了摄影大赛的主办方。摄影是我的一大爱好，尽管是摄影初学者，能力有限，所拍照片也许难登大雅之堂，但却是“三农”一线真实所见所想，还请观者勿怪勿笑，敬请鉴赏一二，不吝赐教。

老人与河

田间劳作

我提交的第一幅作品是《老人与河》。一天下午，我做完功课后，拎起相机外出采风，走着走着来到一处河边，小河说深不深，说浅不浅，像一泓深潭，晶莹碧透，清澈见底，两岸柳丝婆娑，绿草茵茵。只见池塘一侧一位老人独自在边上清洗着衣服，身旁放着一辆锈迹斑斑的小自行车，老人大约是骑车过来的。走进与老人交谈，才知晓到老爷爷已经八十五岁高龄了，在农村生活了一辈子，孩子们都生活在城里，一直想要接他去城里，但是他更喜欢乡下这种简单、静谧的生活。仔细观察，发现老人脸上布满了皱纹，像是裂缝爬上快要破碎的碗，汗珠在他脸上纵横交错地流着，他的腿脚些许有点吃力，但他的头抬着，他的胸挺着，他的胳膊甩动时也是毫不迟疑，他看我那真挚的神情，我便明白，年轻人要好好努力，自己动手，丰衣足食。老人问我是做什么的，我便告诉他我是青岛农大的研究生，在农村生产一线做科学研究，为咱当地农户开展“零距离、零时差、零门槛、零费用”的四零技术服务。老爷爷极其激动，他告诉我，未来是你们的，年轻人，加油啊。晚上躺在床上，反复想着老人当时说的话和说话时的神情，辗转反侧，难以入睡，我不断地问自己，为什么越来越多年轻人不愿意回到生养他们的农村生活，国家提出的乡村振兴战略又应该振兴什么，作为一名农学研究生，我又能为乡村振兴做什么……

第二张照片我起名为《田间劳作》。那天傍晚我在田间散步采风，发现一块地里的作物极其丰富，有茄子、辣椒、花生等等，虽是混种在一起，但分的极有条理，作物的长势很旺盛，见有位大叔正在地里劳作，我便上前与大叔交流了一番，大叔说家里有孩子上学，自己也没有其他收入，所以在地里多种了几样蔬菜，期望能多赚点钱，供孩子上学读书。他顺便向我展示了他的劳动成果，紫莹莹的茄子、鲜灵灵的韭菜、青翠欲滴的辣椒，大叔面带微笑，言语间对未来充满了希望，大叔的笑容融化了我。征得大叔

红瓦蓝天绿油田

复得返自然

同意后，我随即举起相机抓拍下了大叔此刻的神情。这一刻，我深刻地意识到其实我们每一个人的生活都是一个世界，即便最平凡的人也要为他生活的那个世界而奋斗。

第三张照片是关于农村的题材，我起名为《红瓦蓝天绿油田》。这张照片是在去于旺庄村的省道上拍的，照片的前景部分，可以看到免耕种植的玉米苗才开始从地里突起，在玉米苗里依然清晰可见前茬收割完的小麦茬，与远处的蓝天白云、红瓦片房及高耸的输电架线塔构成了一幅极其美好的画面。这一刻，我心里便想着，这不就是我们农村发展的方向吗，免耕种植——农业种植技术化，蓝天白云——环境生态化，输电架线塔——农村信息化。随即我在照片内容编辑处记录了一首打油诗，“红瓦蓝天绿油田，谁人不想要往前？乡村振兴需同力，你我共赴创家园。”

第四张照片命名为《复得返自然》，照片中的场景在农村几乎随处可见，因为画幅有限，我只框进来部分内容。经过这段时间在科技小院附近的村庄走访调研，我发现农村的很多家庭门前会种一棵大柳树，夏天时绿荫苍翠，常是叔叔阿姨乘凉的好去处，有的人家会在院墙边点缀几株爱笑的花儿，或是喂养几只音色清脆而高亢的公鸡，不时地有些小狗在村边嬉笑打闹。傍晚时分，村落里飘荡着袅袅炊烟，偶尔传来几声狗吠，雄鸡也不落下风，不停地啼唤。这令我想起了陶渊明的《归园田居》，诗中的场景与如今这画面再契合不过了。“暖暖远人村，依依墟里烟。狗吠深巷中，鸡鸣桑树颠。户庭无尘杂，虚室有余闲。久在樊笼里，复得返自然。”

到此，我所提交的这几幅作品其背后的故事及所思所想已经讲完了，但科技小院的精彩故事将永远不会停歇。那么，你准备好要听了吗？

许淑妮

莱西科技小院成员，来自内蒙古土默特右旗，24岁，本科毕业于河北环境工程学院，园林专业，现为青岛农业大学2021级硕士研究生，师从李赟副教授，研究方向为胡萝卜尾菜资源化再利用。

科技小院故事之初遇

2021年7月14日，我背起书包，拉上行李箱，站在站台上，望着一列列火车从我身边飞驰而过。这天，我即将要坐上从包头开往青岛北的火车，开始研究生的求学之路，心中有些许忐忑、些许不安，但又对那未知充满着好奇与期待。随着火车嘀嗒嘀嗒的声音，窗外家乡那片故土渐行渐远，随着列车的站点提示“青岛北火车站到了，请旅客……”悬着的心也逐渐平静下来，青岛，我终于来了！

离开家乡

新征程

几经波折后，我终于坐上了去往目的地的出租车，出租车快速地在城市与田间穿梭，高楼越来越少，平房越来越多，继而是成片的大棚和田地。车突然停住，我猛地惊醒，只见车窗外一座两层高的办公楼宇矗立在田野间，一扇扇靛蓝色的落地窗在阳光下显得格外耀眼，这就是我未来三年梦想开始的地方，更是未来三年或更久扎根于这里一心一意服务于“三农”的地方——莱西科技小院。伴随着师兄师姐的热情招待及对科技小院的简单介绍后，2021年7月15日，我以一个青岛农业大学准研究生身份正式成为了莱西科技小院的一员，莱西科技小院位于青岛莱西市后屯村，这里也将成为除家乡之外我人生中第一次亲密接触的村庄。

第一次合影

时间随着忙碌的工作匆匆流逝，7月31日，来这里已经半个月了，时间虽短，却一直发生着从未体验过的、有趣有意义的故事。回忆第一次踏入试验大棚，对它充满着疑惑；回忆第一次坐在充满乡村气息的三轮车上，被朋友笑称是最接地气的研究生；回忆第一次听着老师讲述科技小院的“传奇故事”，其中的兴奋与激动让我感觉故事就发生在眼前；回忆第一次参与研究生组会，陌生、疑惑、紧张充斥着整个身体；回忆第一次讲解专题汇报，我的紧张感在师兄师姐和同级小伙伴的认真听讲中消散而去；回忆第一次在大棚里大汗淋漓的样子……短短半个月发生了太多太多奇妙、特别的故事，这是从未体验过的，这

陈老师生日

拔草进行中

运输菌渣

设计展厅讨论中

专题汇报

是新鲜、生动的，这是有趣的，这更是有挑战性的，虽是初体验，但它已牢牢印刻在我的身体里，并一直伴随着我继续前进。

虽然短短半个月，但我已经学会也必须学会如何快速适应这里的生活和学习节奏，更要克服一切困难在一次次的亲身体验中去发现农业生产问题、解决农业生产问题，因为只有这样才能快速地加入乡村振兴的行列中，更好地去服务“三农”。农业是我们国家的第一产业，农村是从事农业生产的劳动者聚居的地方，农民又是长期从事农业生产的主体，“三农”问题一直是关乎着我们国家发展的重要问题。作为一名农业高校的学生，我们不仅要从个人角度出发，也要从祖国事业角度出发，扎根农村、农业生产一线，应用科学的手段助力农业增产增效，让农业这个行业得到更科学的发展。

初体验总是充满新鲜和刺

激，当神秘的面纱褪去，也许未来在科技小院的学习和科研之路会变得枯燥无趣、充满艰辛和荆棘，但我已做好一切准备，在科技小院的生活经历也必将成为我一生最宝贵的财富。

我和大棚初相识

虽然我是土生土长的乡村丫头，可是对于干农活这件事，我从来都不在行。记忆中我8岁的时候，有一次母亲要去地里干活，说是去“间苗”，我因好奇也想一同去“帮忙”，于是顶着炎炎烈日，我们便出发了。来到田间，母亲告诉我什么是间苗，并亲自示范如何拔苗，拔什么苗后，我便鼓足了气儿，开始与母亲进行间苗比赛。起初，我还兴致勃勃，觉得这是一件有趣的事儿，但是到后来我渐渐落后于母亲，看着母亲弯腰的背影离我逐渐远去，也就没了间苗的心思，心中还怪怨母亲为何要那么快，也不等等我。直到25号那天，因为工作需要，我们小组不得不在三九伏天到试验示范大棚施基肥，棚外骄阳似火，棚内40多度的高温，没干一会儿，我们每个人就汗流浃背、筋疲力尽了，不知怎的，猛然间想起儿时那个场景，才缓过神儿来，为什么那时母亲不等等我，自顾自地往前间苗。母亲那时也背负着不得已的责任和担子吧，母亲多做些，地里的玉米收成便会好些，我和姐姐也能吃得更饱些，家里经济也能更宽裕些，所以母亲才会弓着腰不停地干活，舍不得停下来休息片刻。后来，因为上学的缘故，我很少下地干农活，也无从体会父母干农活的艰辛，加入到科技小院后，试验示范大棚的施肥、间苗大都需要我们亲力亲为，自己亲身体验过苦和累，才更加理解父母的不容易和殷切期盼。

2021年7月份我入驻莱西科技小院后，科技小院正在进行秋茬胡萝卜集成技术示范田试验，立秋前后要进行胡萝卜播种，因此，现阶段我们要完成示范大棚施基肥、起垄等准备工作。此前，唐文慧和郭梦瑶两位师姐

标记肥料质量

称量化肥

混合肥料

已把试验田划分为8个区域，根据胡萝卜所需水分和养分，设计了8个试验处理，准备在其中一个试验区域根据农民生产习惯进行施肥，该试验区域主要是起对照作用，另外三个试验区域则进行水肥系统优化处理及等养分量有机替代地力提升处理。在T1-T4试验区域施入五洲丰公司提供的专门用于胡萝卜的新型肥料，进行肥料评价，以供当地农户选择。

在每一次施肥前，我们还需要提前采集土样，测定其土壤养分含量，待到冬天胡萝卜丰收季节时，再测收获时的土壤养分含量，用数据来验证有机肥对土壤改良的作用机制、施肥量系统优化后是否可以提高胡萝卜产量、改善胡萝卜品质。采集土样时，为保证样品精准度，我们应用的是五点取样法，在每个试验区域选取不同的5个点位，按照“S”形曲线进行采样。取土时，用铁锹垂直嵌入土地30厘米，沿着切断面从下往上取适量的土，待全部取样完毕，将土样混合均匀，然后再用四分法进行土样分取，最后装袋标记。

土壤采集完成之后，便可以进行施肥了，师姐按照工作量重新给我们分配了施肥工作任务，我们采用的方式是撒施，刚开始我们四个新生撒施不是很成功，一方面因技术不过关，对撒施方法也不熟练，撒得并不均匀；另一方面，额头上不断流下来的汗水刺痛着眼睛，导致注意力并不集中，撒的有点杂乱。这是我们四位新生头一次到田间劳作，尽管大家伙儿都早已汗流浃背，手也被肥料浸得奇痒难耐，可大家伙儿没有因大棚燥热的环境而产生消极的情绪，也没有因化肥难闻的气味而排斥手头的工作，反而每一位都干劲儿十足，想必此时大家都对“三农”及所学专业怀着炽热的感情，想尽自己最大的力气去更好地完成施肥任务，让胡萝卜“健康长大”。

撒施化肥

烘干花生壳

师姐教我使用烘干箱

那天是我长大以来第一次下地干农活，而且连续劳作了足足7个小时，当汗水湿透衣衫，汗珠不断地从额头冒出滴落，我第一次真真切切感受到了“锄禾日当午，汗滴禾下土。谁知盘中餐，粒粒皆辛苦。”这首诗蕴含的真谛，也对农民的艰辛感同身受，所以，我也想呼吁大家，珍惜粮食，珍惜我们现在来之不易的生活，时刻谨记：一粥一饭当思来之不易，半丝半缕恒念物力维艰。

当然，在这次实践中，我对科技小院也有了进一步的了解，也更加明晰了自己未来的道路，坚定了理想信念，既然选择了这里，我就要在这个平台上努力学习，不断增强专业知识和技能，培养自己吃苦耐劳的精神，踏踏实实扎根农业生产一线，用所学的知识和技能帮农民解决生产难题，提高蔬菜品质和产量，为农业绿色发展出一份力。

张翠悦

青岛农业大学莱西胡萝卜科技小院成员，来自青岛莱西，24岁。本科毕业于青岛农业大学海都学院，园艺专业。现为青岛农业大学2021级硕士研究生，师从陈延玲副教授，研究方向为高产高效胡萝卜品种筛选与利用。

初体验

2021年7月23日，是我入驻科技小院的第10天，我对科技小院的工作内容以及周围环境已经有了一定了解。前几天郭梦瑶师姐说等有机肥运到后就要带我们到试验大棚干活了，心里有点小期待，毕竟长这么大，只知“农活”其词，不知其意。早上我们在基地洗漱、吃过早饭、一切收拾妥当后，正好货车送来了之前定好的花生壳有机肥，师姐打电话联系了工人，请他们帮忙用铲车将有机肥卸下来，因为田间道路比较狭窄，货车无法把有机肥送到田地，所以只能先把肥料暂存在基地的院子里了。堆放好有机肥后，我便满心雀跃地跟着师姐们向着试验棚出发了。

来到地头边，师姐跟我们介绍说，我们的试验棚在后面，前面几个棚是农户自己用来种植蔬菜的，我们从第一个大棚向后面走去。本来七、八月份，青岛地区正值最炎热的季节，今天无风，30℃的高温，炎热无比，从大棚门口经过的时候，突然感到一股热浪从大棚内扑面而来，灼的脸颊隐隐发疼，背上也顿时汗珠直冒，心里不免有点退却，棚外温度尚且这么高，棚内干活会不会中暑啊？！耷拉着脑袋思索间，我们已经走到了试验棚的门口，师姐们和其他同学已经斗志昂扬地陆续进入棚内，我想我也不能临阵退缩当逃兵，于是重新调整好心态，鼓足勇气，坚决克服一切困难，也紧随其后进棚内。或许是前面一次次热浪让我的身体抗热机能得到了缓冲，或许是我重新调整了心理预期，来到棚内反而没有刚才那么灼热的、火辣辣的感觉了。好吧，那就开始干活吧，按着师姐的指令，我们首先用量尺将试验大棚进行区域划分，然后对每个试验区进行分区标记，标记完成后，我们返回基地，用三轮车将有机肥运往大棚，并用铁锹将花生壳均匀地散开平铺在规定的区域内。等我们完成这项工作时，已接近中午，看着每个人湿透的衣衫，红扑扑的脸颊，突然也有一点成就感。

菌渣晚来了两天，菌渣到来的时候，师姐说不确定这批菌渣的含水量是否符合施用要求，所以我们将菌渣进行部分取样带回我们的产教融合基地，然后将样品放入烘箱内进行烘干处理，算出菌渣的含水量，结果得出这批菌渣可以进行施用，将样品进行封存标记后，李赟老师便带领我们一起前往试验棚。我们先将菌渣用三轮车运往棚里分堆堆放，因为菌渣外面有塑料袋包装，所以我们一起将外面的塑料袋拆除并将塑料袋集中装好，那天的天气有一点阴，但是大棚里面还是很热，我们女生将塑料袋清理干净后，向周围的农户借了工具，李老师便带领着男生用铁锹将菌渣均匀地平铺在规定的区域内。

花生壳的到来

将花生壳施入试验田

与农户讨论施肥问题

因为试验的需要，我们是进行分区处理，所以在花生壳和菌渣都施用完成后，我们需要在其他区域撒施肥料，在施肥的前一天晚上我们称量了施用的肥料，然后用记号笔在塑

与小伙伴们一起撒施肥料

料袋上进行标记，根据处理小区进行堆放，所以施肥当天，我们直接将肥料运往试验棚，按小区将肥料放在规定的区域里。记得称量肥料的时候，有些肥料的味道有些刺鼻，整个屋子里都弥漫着肥料的味道，那也是我第一次直接接触肥料，看到了各种不一样的肥料形状。当我们将肥料放好后，一开始撒施肥料的时候，因为没有经验，所以撒施得不均匀、很慢，师姐告诉我们要少量多次，尽量撒施均匀，随着时间的推移，棚里的温度还是很高，但是我们每个人都在认真工作，不懂的时候，我们会及时向师姐师兄提出疑问，她们也会耐心地帮我们解答，虽然周围的环境很热，虽然我们每个人都汗流浃背，但是在棚里依然能听到讨论问题的声音，能听到我们浅浅的交谈，能听见我们的欢声笑语。科技小院之间团结合作，我们还在田多多农场的大棚里帮助刘国成老师进行施肥，那天一直到很晚，师兄和于水都在尽力帮忙，他们让我看到了团结合作的重要性。在进行田间试验的过程中，虽然累，但是我学到了很多在课本上学不到的东西，也得到了在校园里没有的体验。在科技小院的这些天，我接触到了很多以前没有接触过的事物，也做了以前没有做过的事情。在这段时间，感谢科技小院每位成员的帮助，科技小院大家庭团结合作，互帮互助，共同进步的精神也深深感染了我。

转变

“你学的什么专业啊？”经常会听到有人这么问，当你回答学农学时，他

将生活物品搬运至基地

在基地做的第一顿美食

们就会认为是在地里干农活的。是的，我是学农的。还记得当时陈老师联系我时，告知我需要提前一个多月到达科技小院，适应科技小院的生活、熟悉科技小院的工作内容，为以后能迅速投入到科技小院的工作当中做好准备，随后我便收拾好行李，以便在规定的时间前往科技小院。

到达科技小院后，发现师姐们已经帮我们整理好了床铺。刚到小院的前几天，我们一直在适应小院的生活，因为我们的基地是新建的，里面的设施还不是很完善，厨房也不能使用，所以师姐师兄带着我们去往原双河村的科技小院，在那里我们一起吃了第一次饭，是李久洲师兄做的饭，有菜、有肉、有包子还有西瓜。稍作休息后，师兄师姐又带我们去附近的集镇购买生活必需品。接下来几天，我们一起将双河村的一些物品搬运到了后屯村的基地，一起将厨房收拾干净，简单收拾利索后，我们终于在后屯村的基地里做了第一顿饭。从此，我们在基地的生活开始慢慢步入正轨。

记得第一次参加基地开展的组会时，师兄师姐们分享的专业知识我在之前都没有了解过，所以在导师要求我们每个人向师兄师姐们提问问题的时候，我们这些新生根本不知道该问什么、该怎么问，导师看出了我们的窘态，为了让我们尽快融入课题组、更加了解这个专业，便给我们规划了有机肥的定义、优缺点以及发展趋势，植物所需的11种必需元素的生理功能、缺素症及单质肥的作用，养分平衡法和施肥技术的组成要素等四大板块的专业内容，每晚让我们4个新生轮流讲，老师和师兄师姐提问，同时中间还穿插着师兄师姐给我们做数据处理、作图、展板制作、试验方法等专题培训。我在组会中第一次汇报的内容是关于有机肥的，导师在点评的时候指出我对这个知识点的认知还不是很深，还是停留在很浅的方面，让我继续加深对这一方面的学习。后面在陆陆续续开展的组会汇报中，我都会学到不一样的新知识，都会对自己的专业知识有进一步的了解，在这其中当然少不了师兄师姐对我们的培训和无私的解答，我们新生都在慢慢地成长，从那个什么都不懂的“孩子”变成一个基础知识扎实的“大人”。

在基地的这段时间里，不时有家长和小朋友们来到我们的基地参观，小朋友们有时候会留在基地和我们一起学习。在基地里利用空余时间，赵颖负责教她们跳舞，张培强、许淑妮和我负责教她们学习文化知识，我们尽己所能帮助她们，相信这段时间于她们而言也是一段美好的回忆。而我在这段时间，从对环境的不熟悉，对专业知识的不了解，到随着每天的学习、每周陆续开展的组会、师姐师兄的定期培训，我的专业知识有了一定的积累，在遇到问题的时候能说出自己的见解，能大胆地与别人分享我的观点。在这里有的同学成了一名“小老师”，有的同学做了自己从来没有经历过的事情，在这里我们互相学习、互相督促，希望用自己所学的知识真正服务于农民，为乡村振兴贡献出自己的一份力量。

莱西玉米科技小院

李久洲

莱西玉米科技小院成员，来自山东济宁，26岁，本科毕业于青岛农业大学，农业资源与环境专业，现为青岛农业大学2020级硕士研究生，师从陈延玲副教授，研究方向为玉米氮素高效转运的生理机制。

“泉水”兄弟

说到莱西科技小院的故事，必然绕不过两个本地人——于泉、于水。于泉、于水不是科技小院的研究生，但却渐渐成为了我们小院的灵魂人物，也是小院服务乡村人才振兴过程中的亲历者和见证人。

2020年的7月份，我和两位本科生师弟来到了于旺庄兄弟家庭农场，农场二叔和我提到他的儿子和侄子与我们年龄相仿，我们可以在以后的日子里多交流。于水是二叔的儿子，初见他时，正值农忙时节，农场正忙着将储存的小麦向外出售，当时我们对于这个新环境充满好奇，在院子里四处参观。远远看到一个大男孩开着铲车在运小麦，等我们彼此走近打招呼时，只见他身上、头脸布满尘土，瘦高的个子，胳膊和腿部却有结实的肌肉，一看就是个干农活的好手。简单的自我介绍后，自来熟性格的于水就拉起我，要亲自带我们三个去参观农场。我们先后参观了试验地、农场的土豆种植田和花生田，一路上于水不停地向我介绍农场的作物以及在播种和收获时用到的机器，还向我们展示了如何开挖掘机和拖拉机，并自信地炫耀着农场的所有机械他都能熟练的操作，用他自己的话讲，他是“除了学习，干啥都在行”。于泉则是农场三叔的儿子，初见时正赶上于水打算带我们去果园参观，听说要去参观果园，便加入了我们。一路上于水给我介绍果园的设施、种植情况，于泉则走在后面和两位本科生师弟交流，对于我还稍显有些距离感。后来慢慢接触多了，我发现于泉虽不像于水那样自来熟，但也特别好相处，性格比较沉稳。记得刚来农场时，不知道去哪儿取快递，就是于泉骑着电动车带我去取的，恰巧那次走到半路时电动车没电了，我人生地不熟，不知如何是好，于泉则表现出超越他年龄的成熟稳重，一点不急躁，说推到附近村找一家农户充充电就行。我们下车后，于泉就推着电动车往回走，我打算替他推还被他拒绝了，可能是看我一副手

"泉水"兄弟

无缚鸡之力的书生模样（虽然我比他大四五岁），并且开始饶有兴致地向我介绍周边村庄的名字，还仔细给我说了几个标志性的建筑物，以便我以后自己再去拿快递的时候，可以准确找到位置。

2020年，由于疫情，于水学校要求学生居家进行线上学习，于水一直在家待到了10月份，对了，前面忘记介绍了，于水并不是辍学在家务农的小青年，而是菏泽职业技术学院的大学生，目前就读大二。这期间我们正好进行玉米田间试验和技术培训，无论是试验的处理阶段还是取样阶段及组织技术培训，于水都积极参与其中。试验后期，我们需要经常性地早早到田间取样，而一向喜欢睡懒觉的于水每次都会早早起床陪我们一起去取样，等把样品取完后再回家补觉。在干农活方面，有时我们的力气跟不上，或是不懂干活技巧而白费力气，所以进行大部分的田间施肥和除草等农事操作时，于水便成了我们的主力军。经过一年多的相处，也可能是在我们潜移默化的影响下，于水意识到了自己理论知识方面的不足，开始对学习有了新的想法，于水家人一直劝他准备专升本考试，在今年终于得到了他的同意。

于泉比于水大一岁，也是一名在校大学生，目前就读大三，在过去一年的试验中，于泉也参与了我们的玉米试验处理、样品的采集和技术培训工作，而且对玉米标记试验的各项操作已非常熟练。玉米标记试验的追肥时期，正是夏天最热的时候，此时的玉米已长到两米多高，田间蚊虫又特别多，但是我们不得不穿梭于闷热的田间进行追肥，期间除了要遭受蚊虫的叮咬，还要忍受玉米叶子齿状边缘划过手臂和脸颊如针刺般的疼痛，那时，本可以坐在农场的空调间里悠闲打游戏的于泉，却全程跟随我们一起在试验田中追肥。于泉常说自己对农作物研究非常感兴趣，这或许和经常看三叔在田野里劳作有关，或许是跟随我们一同做田间试验深受影响，他在大三暑期开学后决定跨专业考农学研究生。得知他这一决定后，我和师姐们同他分享了我们的考研经验，并为他推荐了合适的考研书籍，他在复习时非常认真，遇到疑惑时常向我们咨询。就在我写这个故事的时候，于泉已经以专业第二名的优异成绩被青岛农业大学录取，到我们科技小院团队继续攻读硕士研究生。我想，于泉毕业后会以更加专业的知识去管理、发展农场，必定会大大促进当地农业发展，这或许就是科技小院对乡村人才振兴隐含的辐射带动作用吧。

“泉水”兄弟在科技小院的建设中，给了我们很多帮助，而科技小院工作在农场的开展，也对他们转变为新型科技农业人才起到了促进作用。他们从小就生活在农场，比我们更加贴近农业生产，他们伴随着农作物长大，有着丰富的农业实践经验，当被理论知识武装后，一定会成为现代农业发展的有力促进者。

从“学生”到“小李”

来到于旺庄村的家庭农场已经一年时间了，因为农场平时都是雇佣村民干农活，所以我平时和村民接触很多，当然，有时田间试验的一些简单工作我也会找村民帮助。在这慢慢相处的过程中，我和村民以及农场二叔一家建立起来亲密的情谊。

刚开始一段时间，村民们知道农场来了几个大学生驻扎在这做试验，很是好奇，因为村里平时几乎没有年轻人在，所以村民们还是特别想认识和了解我们，时不时有人“特意”跑到农场来看望我们。最开始听到的声音是“学生，你帮我看看这个手机是怎么了？”“学生，农场的于书记哪去了？”等等，他们大都是想通过问一些小问题来和我们认识，或者根据我们的回答来判断我们是否好相处，而在半年的相处中，我渐渐听到的是“小李，你家哪的？”“小李，今年多大了？”又或是街上碰到时会说一句“小李，吃饭了吗？”去试验田路上碰到时会说一句“又去地里呀？小李”。称谓渐渐由生硬的“学生”变成了亲切的“小李”。

村里有家小商店，我经常会去，现在和商店的大叔已经非常熟悉，有次我打算去买一块镜子，大叔翻找一番后，找到了最后一块，由于镜子的背面有些损伤，他便直接送给了我。在平时去买东西时，他也会问我在这吃饭习不习惯，住的地方有没有空调之类的关心话语。

2020年在农场一直待到十月份，等把所有试验工作完成后才回学校，2021年上半年没有安排小麦田间试验，另一方面要在学校完成部分研究生课程，所以直到6月份才再次回到农场。记得重新回到农场后，有次和于水走在街上，遇到了在农场工作的阿姨，我们和她打招呼，她回应：“小李回来了呀！”。去小卖部买东西，店里的大叔问：“小李啥时候回来的？这次待几天呀？”。没想到半年多没回来，这里的村民都还记得我，而他们说到“回来”，让我感觉这里的村民们已经把我当作了这个村庄的一员。

在和村民们相互熟悉的过程中，我也渐渐发现了他们不一样的精彩。在农场工作最久的是邢叔和泉叔，他们主要是负责驾驶各种大型的机械，无论是挖掘机还是播种机、收割机，他们都能熟练驾驶，在小麦和玉米的大田种植中，他俩都帮我进行了播种。因为需要定量施肥，所以在刚播种时需要调试一下肥料播种量，他们也都耐心按我的指导进行操作，他们丰富的播种经验提高了我控制肥料量的精准度和速度，一般根据肥料的颗粒大小他们就能调到合适的用量。而这些工作，我是不敢找三叔干的，他是个急性子，一天不播上一百多亩，就会感觉荒废了时间。当然三叔的急性子是考虑到季节因素从而不得不精准把控时间。到了十月中旬，小麦每晚播一天，每亩就要多播一斤种子，玉米今年则是要赶在雨季前播完。其实在农场工作的人，都有着自己的一身本事，邢叔对于各种机械的修理都了如指掌，泉叔开播种车不需要有北斗导航，就可以把小麦播得整齐笔直，当然还有三叔常说的捕鱼达人志江叔，在农场工作的池婶算是女工的带头人，她还有一个工作就是负责农场的一切打药事宜，因为担心药物会对苗子造成伤害，影响试验数据，所以试验田一般不喷施除草剂，这时候，我只要盯住池婶，就能保证试验田不受药物影响了。

劳作的泉叔

劳作的邢叔

在和村民们相处过程中，我慢慢体会到农业知识的学习是无止境的，而知识的来源不仅包括书本文献资料和老师传授，还包括那些农业生产一线有着多年农业操作经验的人，他们或许不能科学地解释一些问题，但他们的实践经验却能解决很多实际生产问题。在于旺庄村的这些日子，我不仅学到了理论知识和实践经验，还在一个陌生的村庄结识了一批忘年之交，并为他们做了一些力所能及的事，我想这些都是对我人生最好的回馈吧！

“莱西七娃”

我是青岛农业大学资源与环境学院植物营养方向陈延玲副教授的研究生李久洲同学，我上面还有两位师姐，唐文慧和郭梦瑶，三娃出场完毕，开始讲述我们的故事。我们的故事要从2020年莱西科技小院说起。

2020年的六月份，陈延玲老师电话通知我，她将我硕士论文的试验工作安排在了莱西市姜山镇于旺庄村的兄弟家庭农场，也就是目前我所在的莱西玉米科技小院，那时，我以为此处离两位师姐所在的胡萝卜科技小院很近。本以为有师姐可以依靠，但当查寻出两个科技小院的距离时，心一下子跌落谷底，紧张、焦虑、担忧萦绕在心头，不擅交际的我怎么独自在一个新的环境生存啊，我在心里呐喊着！事实证明，车到山前必有路、办法总比困难多、切莫杞人忧天……总而言之，陈老师又给我安排了两个娃助理，青岛农业大学2018级农业资源与环境的本科生翟凯鹏和唐斌庆。心情也从最初的消沉转变为现在的满怀期待，期待着两位师姐见到从未谋面的新师弟、两位本科生师弟在陌生的地方进行暑期实践会是一种什么情景呢？农场对新来的客人会是什么样的态度呢？带着疑惑、期待，慢慢等着、等着……

七月，我们终于如约来到了于旺庄村的兄弟家庭农场，当然此时，我并未预想我们会在这留下那么多美好的回忆。与我同时抵达的是翟凯鹏，他有些微胖，性格沉稳，稍后抵达的是唐斌庆，他性格相对比较外向，善于交际，当然这些是在后来的工作磨合中慢慢发现的，不过正是这两位性格有所差异的本科生师弟，对莱西玉米科技小院在于旺庄村的建立，起到了关键的促进作用。唐斌庆的活泼加速了我们融入兄弟家庭农场这个大家庭的进程，翟凯鹏的沉着保障了我们试验可以准确顺利地进行，同时，有两位本科生师弟做伴儿，我的烦恼一扫而空，紧张的心情也得以平复。

第一次见两位师姐，是带着两位师弟去帮师姐进行胡萝卜施肥。郭师姐性格外向，比较自来熟，唐师姐相对安静，但等我们熟悉后，也变得健谈起来。之后，我们曾一起在下雨天到试验田测数据，一起在玉米抽雄期穿梭于玉米地中查看玉米长势，一起走上街头与村民进行交谈，调研村里农业发展近况，最重要的是，我们一起用实际行动让村民们看到了我们不是只会“纸上谈兵”不会干活的学生。我们的工作还获得了农场两个兄弟——于泉和于水的认可，实际上，在于旺庄开展的试验、调研及技术培训，大部分都是他们俩陪同我们一起完成的，他们俩也是我们在这儿收获的朋友。至此，陈老师口中的“莱西七娃”全部出场完毕，但莱西科技小院及“莱西七娃”的故事还在继续着。

陈老师和她的“莱西七娃”

“莱西七娃”成员算是莱西科技小院在莱西进行农业科技服务工作的初代实践者，在陈老师的带领下，我们举办了科技知识培训会、开展了农村绿色农业发展状况调研和田间实践，也为村民解决了一些农业生产中遇到的问题。因为我们是七个人，所以是“七娃”，当然以后还会加入“八娃”“九娃”等等，变化的是不断壮大的团队和为农业服务的人员数量，不变的是我们努力践行科技小院为“三农”服务的热情。

开疆扩土　千里跬步

2020年7月9日，我来到了位于莱西市姜山镇于旺庄村的莱西玉米科技小院。这处科技小院与之前工作过的乐陵市科技小院不同，这个小院建在一所家庭农场中，相对于其他小院，这种模式和村民的相处距离更近一些。

虽然我已经在乐陵科技小院学习工作了一个多月，但独自来到一个新地方，并且要在这个新地方从零开始建立群众基础、从零开始打造科技小院口碑，心里多少还是有些彷徨的。根据陈老师的安排，在于旺庄村，我们将主要通过和莱西市兄弟农场合作的方式开展科技小院的工作，我们通过在农场开展田间试验，帮助农场进行技术升级改造，而农场为我们提供作物种植时的机械帮助、日常的灌溉和飞防等农场操作。虽然相对于其他小院，在这里开展工作可能会简单一些，但初来农场的我还没想好如何在这个地方发挥科技小院的作用，对于农场的升级改造，更是摸不着头脑。

陈老师决定在这里建设科技小院前，已经考察过这个地方，也跟我分析了这里的农业生产概况，并初步制定了工作开展思路，但是具体如何开展，还需要我自己主导，所以来之前我就想，科技小院如果想扎根这里，首要任务就是全面详细地了解这里的农业生产现状。为此，我提前制定了调研问题和计划，调研任务在来到这里半个月后进行。

那时正处于种植玉米时期，我跟农场二叔商量了下，计划围绕农民感兴趣的玉米田间管理问题开展一次培训会，并在培训会结束后，就参与培训会的农户们围绕农业生产现状展开问卷调研，之后再进行走访调研。因为初来乍到，人生地不熟，培训会便麻烦农场二叔组织了，我负责技术培训，二叔组织了农场的工作人员、村干部、种植大户以及养殖户等比较有代表性的农户参与培训会，虽然参与人数不是很多，但却是一个好的开始。这次培训会我准备的知识点是玉米化控，考虑到常年种地的村民几乎都知道每年的这个时候要打控旺药，但或许并不知所以然，所以本次培训会我选择讲玉米化控的原理以及重要性，以调动农户参与培训会的热情。玉米化控的最佳时期是8～10叶期，但大多农户习惯按生长日期进行化控管理，一般固定在七月份的中下旬，由于受气候和施肥状况等因素的影响，即使同一区域不同地块之间的玉米长势也是有差异的，如果只看日期不看长势，化控时间提前或错后，便不会达到最佳化控效果，而且很可能会事倍功半，影响玉米产量。因此我事先在田间拍了玉米植株的照片，放在了准备培训的课件上，培训会上带着农户们一起辨认叶期，以便他们在以后的化控管理中，可以准确判断出实施化控的最佳时期。

这次培训会让村民对于我们这个新落户的科技小院有了初步认识，待到培训会结束，有位村里的叔叔问了我一个关于玉米丫子的问题，因为他播种的玉米长出不少丫子，所以他想了解玉米的这种状况会不会对产量造成影响，如何去处理。我恰好刚看过玉米长出丫子的一篇报告，我从专业的角度告诉他，拔掉丫子不仅耗费人力，而且后期管理不当的话，极易使玉米受到感染，相反保留玉米丫子并不会对产量造成影响。

调研进行中

这之后，我又走访调研了村中一部分农户，通过这次走访，我对于旺庄村的农业现状有了进一步的了解。于旺庄村本有150户村民，随着社会发展，现在已有不少农户搬去了莱西市里生活，在城市工作的青年近年来也很少回村居住，所以现在在村里种地的大都是50岁以上的老人，他们也面临着随着年龄增长而无法继续耕作的问题。另外，通过这次调研，我也第一次了解到土地流转这个概念，随着年轻人不愿种地、老人无力种地，村里一户种一两亩地的现象逐渐

科技小院成员

减少，取而代之的是土地流转，即常年生活在村里有种植能力的农户会承包其他农户的土地，少的十几亩，多则数十亩，同时承包几百亩地的家庭农场也开始发展壮大。这些农户及农场主往往对天气、农作物价格、病虫害防治等气候、农业发展形势及农业技术比较关注，平日里也会通过手机、电视、电脑等媒体主动获取农业信息，农场主更是会为农场配备无人机、北斗导航等先进的农机设备。也是到于旺庄后，我才第一次了解到家庭农场这种农业管理模式，与承包户相比，家庭农场变得更加企业化、专业化。

通过一个月的观察、访谈、调研，我对于如何在这里开展工作，有了初步设想。兄弟家庭农场对于学习新型的农业生产技术一直持有积极的态度，因此，我们可以先在农场进行技术培训和推广，再通过兄弟家庭农场的知名度扩大农业科技普及范围。当然，我们首先需要通过铺设试验，展示技术，与农场的习惯种植方式进行对照，农场看到我们的技术效果和优势后才会乐于采纳新型农业生产技术。兄弟农场不仅在于旺庄村，在全镇也有着很高的知名度，并且与当地几乎所有家庭农场都有交流合作，只要农业技术在兄弟家庭农场的应用中产生效果，便可以很快在其他农场得到推广，而在这个过程中，兄弟家庭农场的农业技术水平也会得到升级改造。

这次调研让我对现代农业也有了一些设想，以后，以种地为职业的农民会越来越少，因为年轻人很少有种地的热情，所以像家庭农场、大型农业企业，必然会成为农业发展的新形态。在这种新形态下，农业种植的企业化、专业化会为农学类专业学生的未来提供更多的发展空间。

兄弟家庭农场的俩兄弟

兄弟家庭农场是由莱西市姜山镇于旺庄村的兄弟俩创建的，目前规模已达一千多亩，创建农场的兄弟俩一位是农场管理者于志学，我们小院的学生们平时喊他二叔，一位是农场技术顾问于志良，我们称呼他三叔。

初到农场时了解到，二叔负责农场的日常管理、农作物销售及统筹规划，三叔负责具体农事操作及农业生产技术事宜。但是，深入了解后才知道把农场管理得井井有条的二叔并不是农场的发起者，甚至在农场开始建立时并没有太大信心，而这个农场建立的主导人，是农场的三叔。当然，把这个情况与他们的性格结合，就会觉得很合理了，二叔性格沉稳、做事细心；三叔则有些暴脾气，不过平时新奇的想法特别多。

三叔曾说自己二十八岁前没干过什么体力活，后来因为有了孩子感到了压力，才有了自己创业搞种植的打算。在这之前，他在农资公司销售肥料，对肥料的种类和特性有了深入了解，农资公司会定期开展农业知识培训会来推广自己的产品，主要是面向全市的种粮大户，培训会通常邀请专家去讲座，当有了自己搞种植的计划后，每次的会议三叔都不会错过，认真学习和记录。三叔可以说是新型职业农民和科技农民的代表，也为农场插上了科技的翅膀。大约在两年前，农场开始投入使用无人机进行飞防工作，年近半百的他用了一个月学会了无人机打药的操作，现在农场的飞防工作都由他负责。另外，他还为农场引进了北斗导航的播种机械以及自动化的喷灌机械，这些机械他都能十分熟练地操作。农场的所有机械，三叔不仅会用，还都了解其中的原理，这也是他一直建议我去努力的方向，就是了解一些农业机械的原理，这样才能在试验田播种时精准的施肥。除了农机操作，三叔对各种病虫害的辨别和防治、作物全生育期的科学管理也都了如指掌，这一方面得益于他平时善于做记录。每次喷施药物时，他都会把药品名称和使用量仔细地记录在小本子上，另一方面他学习主动性比较强，农事劳作闲暇之余他比较喜欢看书，一本《中国农作物病虫害》，他能不厌其烦地反复翻看。在农场工作期间，我经常同三叔探讨农业知识、农业科技及农业发展前景，三叔对农业的见地常常使我震撼，没想到一个朴实憨厚的农民对农业认知的深度和广度要远比我学农这些年从书本和网络中所习得的鸿博，我内心时常感慨真是听君一席话胜读三年书！

如果说和农业的关系，三叔在农资公司上过班，但二叔以前的工作则和农业没多大关系，但从建立农场后，他也在努力学习农业知识。今年的小麦收获季，我看到小麦的赤霉病特别严重，我在和二叔说时，他问我说："你觉得是什么造成了赤霉病？"我对此并没有太多的了解，就凭着理解说，这应该是由真菌感染造成的，因为今年天气比较潮湿、闷热，所以才会产生这么多感染植株。二叔说："这赤霉病就像小麦的癌症一样，传染快，减产严重，一般小麦授粉时，连续三天下雨就很容易发病。"二叔还说，虽然今年小麦授粉时，三叔打了杀菌药，但还是没能防住。其实二叔对于农业知识都有了解，不过会时不时地考我，当然也是用经验教我，这也促使我要努力学习知识，避免被二叔问到时尴尬。其实农场在种植作物时，并不是一味地照搬别人的生产技术，在小麦、玉米、土豆、花生等农作物种植过程中，二叔都有着强烈的探索精神。二叔在每一季农作物的种植中，会策划许多探索试验，例如土豆花生的覆膜对照、可降解地膜的对照、免耕和深松深翻的对照试验，并且对于作物的品种差异也十分关注。初入农场时，我发现大部分时间三叔都在地里待着，二叔则是坐在办公室里，这让我一度以为二叔平时很清闲，但

郭梦瑶师姐和二叔三叔讨论农作问题

科技农民——于志良

今年气候多变，作物的播种和收获都受到了很大影响，而且农场种植的好几种作物的播种、收获、管理时间常常会撞到一起，这个时候我才看出二叔统管全局的能力。他虽不干体力活，但却是全农场最忙的，作物收了储存在哪、需要几辆车去运、如何去联系货车，还有收获作物的销售，新播作物的种子、化肥购买，农场里工人工作的分配等，都由二叔统筹计划安排，二叔的工作不仅要求他掌握农业生产知识和技能，还要有足够的耐心、能够精打细算，并具有协调沟通和管理能力。

兄弟家庭农场的这俩兄弟，可以说是农场经营过程中的文官武将，一个能够统筹规划农场的发展方向，另一个对农业科技知识有着丰富的实践经验和学习劲头，在日常管理中才能做到相辅相成，齐心协力谋求农场更好的发展。在这一年多的农场生活中，我不仅学习到了更多的理论和实践知识，也从他们身上学到了农场管理经验、团队协作精神、勇往直前的探索勇气，所有这些必将成为我成长过程中的一笔宝贵财富。

专家与科技农民的高手过招

我在于旺庄村第一次组织进行化控培训会的时候，三叔并没有到场，毕竟对于这个知识点，他比我更了解，而且实践经验更多，对于化控，一些村民可能并不太在意，认识不到位，而三叔每年都把化控把控得很好。

由陈延玲老师亲自给大家讲的夏玉米高产高效技术科技小院晚间课堂，三叔早早就来到了培训现场，不仅三叔，二叔、于泉、于水都来了，并且大家都跑到最前排听讲。当看到培训的课件有八十多页时，大家都很吃惊，可见陈老师花了很多精力准备这次培训，尽管培训持续了2个多小时，但大家都不感觉累，相反，整个培训过程非常精彩，与其说是培训，不如说是专家与科技农民的高手过招，而我们确是实实在在的受益者。陈老师首先引入了当今世界玉米种植产量的形势，现有的最高纪录是美国玉米高产竞赛的第一名，每公顷玉米产量可达2576公斤，是美国玉米平均产量的4倍，是我国玉米平均产量的6倍，这巨大的产量差让我们非常震撼。当看到科学家挖开的高产玉米土层时，发达的根系更是让我们吃惊，不仅如此，我们同时还看到了非常肥沃的黑土层。

所以陈老师在这场培训中系统地讲解了种子、化肥、农药的选择，播种、施肥、管理、收获以及产量计算方法等。首先是种子，在种子选购时要避免误区，“最新的一定最高产，最贵的就是最好的，大穗品种就是高产品种”，这些都是农民在选购种子时容易掉进的陷阱。而优良的玉米品种选择标准是：产量潜力大、抗倒伏、抗病虫、可高密度栽培。对于这些，三叔很认同，坐在下面安静地听着。我想起三叔常说自己有着三年化肥、三年农药、三年种子的销售经验，对于农资可以说是了如指掌。陈老师的讲解与三叔的经验不谋而合，但讲到肥料施用时，三叔便开始不安静了，让他争议最大的就是分期施肥-基肥加追肥，他在会议中讲起自己一直推崇的“一炮轰”施用复合肥，但陈老师给他解释，目前无论何种复合肥，都无法完美地匹配玉米生长发育期间对养分的需求，施肥需要根据玉米整个生育期对养分的需求特点，分次施肥，在玉米最需要养分供应的时候，提供养分，这样既能

劳作中的三叔

夏玉米高产高效技术培训会

增产，还能减少肥料浪费，保护环境，如果用“一炮轰”的方式施肥，前期玉米苗小，需要的养分少，肥料容易随水分流失，当后面玉米植株对养分需求多的时候，土壤中反而没有那么多养分可供其吸收。

接下来是讲播种和施肥过程，施肥时要让肥料位于种子的斜下方，这样才便于养分的吸收。播种的密度也是一个重点，过稀过密都会影响产量，过密是植株养分吸收出现竞争，还易倒伏，过稀就会大大减少单位面积的株数，光合产物降低，产量自然也就降低。这些三叔在种植中也都很清楚，但都是来于多年种植的经验，陈老师给他讲出了这其中的科学原理，我们也学到了知识点。玉米的收获就是要注意收获时间，陈老师建议农场实行晚收，等到玉米出现黑层以后再收获，产量会比早收的提高10%。培训的最后，陈老师还介绍了现代化玉米种植过程中正在使用的一些先进机械，包括安装北斗导航的播种机、条耕机械等。

这场专家与科技农民的高手过招会议后，三叔对陈老师农业知识的渊博佩服有加，也对我们科技小院刮目相看，农场进行了很多改进。机械方面，在播种机上安装了北斗导航系统，大部分时间都是三叔驾驶，大大提高了播种速度。今年的玉米种植中，农场购买了优良的玉米种子，同时在播种时分地块播种，并做好了玉米品种标记，以观察各类品种的产量差异，不只是玉米，也提高了对小麦和花生品种选择的关注度。当然，对于施肥方面，农场依旧是“一炮轰”的施肥方式，其实还有一个原因在于，玉米追肥时无法投入大型机械，所以对几百亩地进行追肥，将会很耗时耗力，但他们也意识到了分期施肥的重要性，对于农场其他作物在施肥时都会进行斟酌，不会盲目地采用“一炮轰”模式。玉米的收获，农场遵循了晚收的原则，玉米成熟期临近时，三叔每天都会从田间扣下几粒玉米，让我们教他辨别玉米籽粒黑层的出现，待到玉米黑层出现后，才进行玉米收获，然后就赶紧抢种小麦。

胶州大白菜科技小院

仇恒浩

胶州大白菜科技小院院长，来自山东梁山县，27岁，本科毕业于烟台南山学院，电气工程及其自动化专业，研究生就读于青岛农业大学，资源利用与植物保护专业。师从陈延玲副教授/魏文良讲师，研究方向为胶州大白菜高产高效施肥技术。

收获

2019年7月26日，是我到胶州大白菜科技小院的第五天，按照工作计划，我要到胶州的一些果蔬种植基地开展调研。早上七点，我从科技小院出发，坐503路公交车（关于503路公交车，此处有一个彩蛋，欲知后事如何，请看下文分解）先到城里与荆世新所长汇合。荆所长是胶州大白菜研究所的所长，此次主要由他带领我去各个果蔬种植基地开展调研。与荆所长汇合后，我联系了两家农场，调研时间都定在了下午。于是，上午荆所长便先带我去了一个他所熟悉的果蔬种植基地——青岛柏兰食品有限公司。在那里，我们见到了公司董事长郭培正，郭总已经74岁，但依然精神矍铄、干劲十足。他领着我们参观了公司的果蔬种植基地，里面有桃树、杏树等各种果树，还有大葱、大白菜等各种蔬菜。在田间，我访问了几个管理农场的工作人员，围绕胶州大白菜生产现状等问题进行了调研。调研完之后，郭总向我们介绍了一下公司的基本情况，郭总说他的生意从青岛胶州开始做起，目前已经扩展到好几个省份。近几年他还参加了支援新疆计划，免费向新疆农户提供了价值30万元的辣椒种子，以帮助当地农民致富。他对我们说，在如今这个好的社会里，一定要使劲干事业，才不会虚度一生。他是从1978年开始干事业的，那时正值改革开放的春风刚刚吹起的时候，他所经营的这家企业的发展史，可以说是中国改革开放以来，众多民营企业走向成功，国家走向富强的一个缩影。他教导我做人有能力一定要奉献社会，一直以来他都用自己的行动践行着奉献社会的理想。“做事业一定要做出水平，做出成绩，做人有能力就要去奉献社会。”听君一席话，终身受益。

下午，我们走访了两家农场和一家食品公司，完成了调研任务和土壤取样工作。让我印象深刻的是，其中一家食品公司自己种植了400亩大白菜，种植规模算是比较大的，而且公司种植的大白菜全部不直接流向市场而是自己做深加工，从而提升附加值，公司的这种生产模式也大大提升了胶州大白菜的品牌价值。

下午完成调研和取土工作之后，我的衣服已经湿透，整个人也筋疲力尽，但是也收获了很多，接下来我该去赶那个含有“彩蛋”的503路公交车了。

根据我以往的经验都是这样，每一路公交车都对应一条线路，但是令我没有想到的是503路公交车竟然有两条路线，到达不同的终点站。当我看到带着发光的503字样的公交车过来的时候，我想都没想，直接奔上车，投币，找座位坐好，然后，开始等待公交车报站下车。公交车在路上缓缓地行驶着，不断地停靠站点，每个站点有人下车，也有人上车，铁打的公交，流动的人员，可是等啊等啊，一直没有听到我所要下车的站点。于是抬头看了下车顶上的公交线路图，竟然没有找到我所要下车的站点，不敢相信自己的眼睛，我又重新看了两遍，还是没有，站起来跟司机师傅咨询是否停靠某某站，师傅说，不停靠，需要乘坐另一路503。我一下蒙了，看着黑漆漆的车窗外，不知道该如何是好，怕越走越远，等公交停靠下一个站点时，赶紧下

柏兰公司种的大葱

柏兰公司的果树

了车。

此时已经是傍晚时分，天已经黑了下来，这一辆就是末班车了。无奈下，我只能给荆所长打电话，但是一直提示无人接听。我又想到了住在大白菜研究所基地（胶州大白菜科技小院所在地）的李阿姨，拨通了李阿姨的电话，我向她说了一下我坐错站的情况。李阿姨很爽快地说："我去接你，小仇你在哪儿？别着急。"因为我是刚到胶州里岔镇西安家沟村没几天，加之坐错车，下车的地点又比较偏僻，所以，我也不知道现在自己在哪儿，我向李阿姨描述了一下周围的环境，我又向阿姨发了导航地址，让李阿姨循着导航过来就行，也不知阿姨会不会看。我焦急地站在站牌边上等着李阿姨过来接我，最终李阿姨还是骑着电动三轮车找到了我！回去时走的是穿过田间的小路，小路坑坑洼洼，没有路灯，只有一束电动车的灯光、一轮挂在漆黑夜空中的弯月、几颗星星闪烁。回去的小路其实挺远的，但是并不觉得漫长，因为远的是小路，近的却是人心！真的很感谢李阿姨，在这儿向您说声谢谢您！

调研那些事儿

2019—2020年，我对胶州市大白菜生产现状进行了调研，调研时间持续了两年，调研的内容包括：调研问卷、实地取土、取植物样。取样主要是用来测定当地土壤理化性质和大白菜的养分、品质指标。我一共调研了23家合作社，遍布胶州市的各个乡镇。在整个调研过程中其中有三次调研令我印象深刻，记忆犹新。

令我印象深刻的第一次调研可谓是"调研路上何妨雨"。那天早上乌云铺满整个天空，似乎在酝酿雨势。早上七点钟出发，乘503路公交车到胶州大白菜研究所，然后荆所长派了司机师傅载着我去调研。上午我们先去的胶莱镇，我事先查好了位于胶莱镇的合作社，先把相同区域的合作社调研完，可是天公不作美，11点多下起了雨，调研不得不中断。

去的第一家是青岛绿村农产品专业合作社，位于胶莱镇南疃村。南疃村是胶州市一个蔬菜种植的示范村，村容村貌都很整洁，发展得很好，蔬菜种植是他们重要的支柱产业。我找到基地的一位负责人，然后针对问卷上的问题，做了一些调研（这是从去年以来，我做过最完整的一个调研了）。在调研的过程中，我发现这里的白菜根本不愁销路，但是根肿病的问题比较严重。他做过白菜产量的统计，基本每亩地在10吨左右，净菜的话也得7吨左右。因为这几天雨下得厉害，虽然昨天他把水从地里排出来了，但地里依然比较泥泞，我本来想去地里取土，谁知刚踏进去一只脚，就陷进泥里了，但我还是坚持找了几个相对不泥泞的点取了土。

白菜地取土

第二家是位于胶莱镇乔家村的胶莱河蔬菜种植专业合作社，这里的负责人邱永臣对作物营养比较有研究，因为也从事肥料销售，所以他对营养元素比较了解。他这里的白菜根肿病比较少，但白菜的干腐病比较严重，他说主要是因为土壤缺钙和有机质，他现在已经找到了干腐病的解决措施。因

路上下起了大雨

为他常年主要种植大葱和姜，种植白菜只是其中一种蔬菜，所以白菜根肿病很少，他说可能是葱和姜起到一定的杀菌效果。但是我想主要是轮作起到了重要作用。

令我印象深刻的第二次调研可谓是“水果玉米暖心‘甜’”。那天我一共调研了四家合作社及公司，分别是青岛众瑞蔬菜种植专业合作社、青岛九龙山农产品专业合作社、青岛柏兰集团有限公司和青岛胶研种苗有限公司，分别位于胶西镇和胶州市里。

早晨去调研的路上遇到了堵车，在路上花了一些时间，上午只完成了胶西青岛众瑞蔬菜种植专业合作社这一家的调研，还好下午调研了三家，第一家是青岛研种苗有限公司，这是一家从事种子研发的公司，种植销售大白菜不是他们的主业。第二家是青岛柏兰集团有限公司，是一个大型的集团公司，老板很有能力，今年七十多岁了，从一个村庄合作社，干成了现在这么大的一个公司，去年我就去访问过，但当时没有调研和取土，今天完成了调研取土。

取土

奶奶给我拔了一棵花生

而我认为这最有特色的就是第三家——青岛九龙山农产品专业合作社，这是一个具有旅游性质的生态农场。这个合作社形成了一种小型的种养循环模式，他们在种的果树下面养鸡，鸡可以捉虫，鸡粪可以还田供果树养分需求。这里还有十几个大棚，大棚里种植着丑橘、水果玉米等不同的作物。当然露天的作物也有，比如在两个大棚之间的空余土地也种花生、土豆等作物。这个农场的老奶奶还特意给我介绍了她们的水果玉米，据她说比西瓜还甜，说着还带我专门去大棚里看了一下，给我掰了一个尝尝，说这样的一个玉米，卖六块钱，我啃了一口，真的很甜，在这炎炎夏日，这股甜也流到了心里。

令我印象深刻的第三次调研可谓是“调研走单骑”，而这其中只差一辆车。那天，我一共调研了三家合作社，感觉调研工作已经进入收尾阶段了。除了联系不到的、拒绝调研的，几乎是调研完了，一共是23家了，覆盖了整个胶州地区。

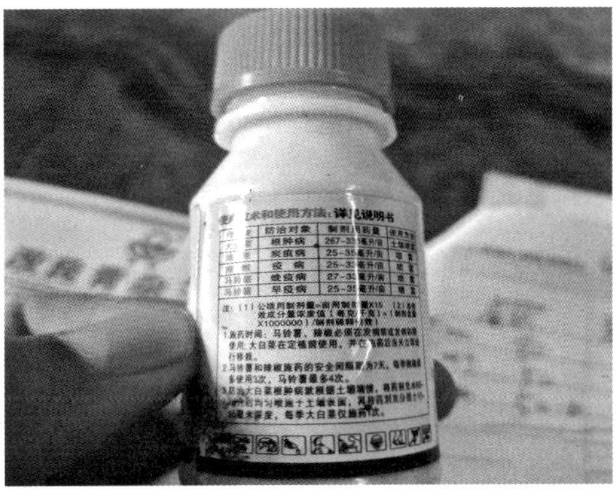

氟啶胺

这次去的三家合作社都挺有特色。第一家是青岛盛河蔬菜种植合作社，农户的白菜是以每棵5元的价格卖给合作社，合作社再去北京销售，礼盒和走市场的白菜都有。这边地里有根肿病，但不严重，主要采用玉米和大白菜换茬种植的方式来降低根肿病的发生率。合作社负责人还推荐氟啶胺，提前喷施土壤，也会起到防治根肿病的作用。第二家是青岛良一佰强家庭农场，这个农场的种植面积很大，达到了200亩，但是白菜销售的价格低，他的白菜主要是论亩卖，收获的时候直接按一亩大白菜

沟施化肥

多少钱来卖，这样他就可以不参与白菜收获了，可以省一笔人工费。这个地方的大白菜根肿病比较严重，大约会导致大白菜减产30%。他也试过撒石灰，喷氟啶胺以及和玉米换茬，但是效果都不明显，只是稍微降低了一些发病率。第三家是青岛春旺果蔬专业合作社，他们的白菜主要是自给自足，不往外销售，主要供他们自己做食品加工。

尽管整个调研很是艰辛，我自己一个人几乎跑遍整个胶州的大白菜种植合作社，跟各个合作社负责人沟通交流，学到了很多知识，对于我而言，不仅是完成了白菜的调研，也是一种自我成长和蜕变。

布置田间试验的一把好手

在胶州科技小院期间，我一共做了两年的田间试验。2019年我是在老师的指导下完成了田间试验的布置，2020年，我已经可以独立布置田间试验了，这对非本专业的我来说，是一个很大的成长。现在回想一下我当时布置田间试验的过程，即使面对很大的工作量，也可以独立完成，还真是布置田间试验的一把好手。如果未来还从事相关工作，我想这些对我来说都不是事了，我可以独当一面了。

布置田间试验那天，天气不算很热，早上天上有云，地上有风，到了下午，太阳就有点冒出头了，有了稍热的光线。布置田间试验总是比较累的一天，上午称肥料、划小区，下午划小区、撒肥料，称石灰、撒石灰、喷洒土壤改良剂，一刻也不得闲，等我干完这些工作，天也已近暮色。

布置田间试验当天早上，我和阿姨先把秤组装好，然后阿姨找了一位奶奶帮我一起称肥料。因为镁水平试验是海藻肥和镁肥配施，我们先把15个小区的海藻肥称出来，这个任务是比较重的。之后又把2+X的试验用肥称出来，因为荆所长说下午施肥需要旋耕，所以，上午我们加快速度，大约10点半左右，就称完了所有需要的肥料。我计划下午准备生石灰和土壤改良剂，因为土壤改良剂每个小区需要0.85升，所以准备下午直接用量杯量出来，直接倒进喷雾器里，喷施在地里。

上午称完肥料，拿上地插、米尺、大锤和土钻，直接奔入地里。农场的一位大叔和我搭档，一块量小区，刚开始量的时候，每个小区总是量不准，明明地插对齐了，但是量下一排的时候就会有些偏差，所以我们又重新量了好几遍，最后，找到一种方法，一个小区一个小区量，这样能对齐，然后距离相等，保证了试验小区的精度。完成划小区的工作，已经两点多了，这个时候阿姨把肥料给拉过来了，因为肥料比较多，距离试验地比较远，所以我想能不能直接把电动三轮车开进去，可是肥料很沉，地里的土很松软，所以车在地里根本开不动，于是我们又找了一辆三轮车，分开运。这样我们把每个小区肥料分配好，让工人来撒，但是撒肥料的时候还是出现了一点失误，有个工人把2+X试验的加钙处理的第四个小区，撒进了镁水平的第四个处理，就是把钙处理的第四个重复的石灰，撒了镁水平的第四个处理的前一个多一点的重复。这个我给记录下来了，后期取样的时候要避开这个位置。

划好小区

白菜试验田取土

施完肥以后，就差喷施土壤改良剂了，我用量杯量的土壤改良剂，倒进喷雾器，叔叔阿姨帮我喷了三桶，最后一桶我自己喷的，喷完改良剂，不禁感叹，这一天的工作终于干完了。

两年的科技小院实践，使我从不懂试验布置，到可以一个人划小区、称肥料、设置试验处理，也养成了自己不怕辛苦，坚持到底不放弃，计划周全的习惯。未来继续加油，在自己的工作上努力奋斗，开拓进取，争取作出一番成就！

水果萝卜节

以前我都是自己去胶州科技小院完成大白菜关键生育期取土的工作，这次因为要举办安家沟富硒水果萝卜文化节和胶州科技小院的签约落地仪式，我怕我一个人忙不过来，就把我的好朋友王俊鹏叫来一起帮忙。我俩在萝卜节开幕的前一天完成了大白菜的土样采集。

那天早上六点多，天蒙蒙亮，外面忙碌的声音不绝，我们也没有理由再睡觉，遂起床帮忙。我和王俊鹏收拾干净科技小院办公室，摆好桌椅，然后去洗了茶杯、比赛装萝卜用的盘子、芋头和红薯，一会儿芋头和红薯要煮好供来客品尝，不得不说这里的小红薯真好吃，又甜又糯。

早上八点多，我俩听见外面音乐响起，以为萝卜节开始了，于是我俩去活动举办场地看看，发现是在提前试音响。因为这里要举办安家沟水果萝卜节，各个小摊位就出现在了街边，像赶大集一样热闹，我有时都感叹，这些小商贩的消息好灵通呀。我看到科技小院旁边的那条街好不热闹，决定去游逛一番。在路上正走着就听见有人叫我名字，我一回头，发现是陈老师在叫我，同时看见了崔院长和魏老师，我们一起走进了科技小院，崔院长一行人参观了胶州科技小院，并做了积极评价，也提出了一些建议。

上午十点钟，安家沟富硒水果萝卜文化节开幕，举办了秧歌舞、旗袍走秀等节目，还举办了吃萝卜和拔萝卜比赛，节目好看、比赛精彩，让底下的观众们掌声不断。青岛农业大学资环学院崔德杰院长和胶州大白菜研究所荆世新所长分别致辞并完成了胶州大白菜科技小院的落地签约。

萝卜节现场

在举办胶州大白菜签约仪式和表演节目时，我和西安家沟村的安洁还有胶州大白菜研究所的一名工作人员，一块去组织少儿拔萝卜比赛。我们到了现场，发现孩子们对这个游戏非常积极踊跃，人数最后达到了四十三人，一开始我们没有想到报名人数这么多，看来都是抱着必胜的信心啊。孩子们很可爱，现场很热闹，因为人数过多，我们分了6～7岁、8～9岁、10～11岁和12～15岁的四个小组，分别进行比赛，比赛规则是原地自转十圈，然后从划定的起跑线开跑，跑向指定的萝卜地拔萝卜，然后带着拔完的萝卜跑回来，先到终点的是冠军，随后到的依次排列名次。经过激烈角逐，最后角逐出了第一到第五名。在我们三个工作人员的齐心协力、公正严明“执法”下，顺利地完成了拔萝卜比赛。

拔萝卜比赛

安家沟富硒水果萝卜文化节让更多人了解了胶州科技小院，我想水果萝卜节也是一种活跃乡村文化生活的很好方式，通过这样一种方式让周边村里的人和赶来参加水果萝卜的城市人都了解水果萝卜的种植知识，也都爱上了水果萝卜。

在科技小院看乡村之美

乡村是美的，是安静的，特别是当夜幕降临，整个世界的光慢慢被太阳收起，整个世界的分贝开始慢慢下降，这个时候你能听到乡村最质朴的声音。可以听到不远处几声狗叫，催促着大白鹅和大白鸭开始成群结队地回家，呱呱的叫声牵起屋顶的炊烟，袅袅炊烟飘向西边天青色的画板，映着落入半山腰的夕阳。

（一）取土见夕阳

我的手、锤子、天空

取完土也临近黄昏了，虽然农村没有城市发达，地里没有城市的喧嚣，但是到了临近黄昏时，真的变得格外美丽。天边云彩在西边悬挂，月牙隐隐约约也快要来到，将夜。我看那一轮红红的太阳，像我在泰山上看到刚刚升起的朝阳一样，残阳如血，我想要将这一轮浮在几道白云上的夕阳拍下来，可惜手机相机不给力，无法把如此美的夕阳拍下。

美丽黄昏

（二）雨后白鹅鸭

我看天气预报，最近一直都有雨，照这样下去，土壤灭茬可能延迟到一周以后了。

去试验地的路因为下雨变得十分泥泞，路上的车辙痕迹分明。我从小院后面的小路穿过去，走过被雨水泡过的土路，稀泥沾满了拖鞋，穿过一条小路，走过一段水泥板铺成的小桥，迎面而来的是一大片绿油油的玉米地，我看到玉米地里开了几道小沟，可能是因为雨水大，需要把在玉米地里的积水排出去。

侧柏上的雨珠

这时我看到一群鹅和鸭子在下过雨的、灭完茬的田地"嬉闹"，宽阔的田地给这群鹅和鸭子提供了天然游乐场，特别是下过雨之后，更是如鱼得水。看到它们挥舞着白色的翅膀，昂着头在平地上贴地自由地疾跑，十分有趣，忍不住给它们多拍了几张照片。

白菜小苗

我收回望向鹅和鸭的羡慕目光，继续向试验地前进，试验地的草已经长得很高了，但依旧遮挡不住地下的波光粼粼。一池一池的水洼，像一片片小镜子反射出光芒。地里很深的车印积水很多，没有车印

积水严重

白鹅亮翅

的地方也有不少积水。

从试验地返回，经过育苗的大棚，看到阿姨们在那补苗。白菜苗是圆形的，现在还很小，有的已经出来了，大部分还没出苗，估计要二十天以后才能移栽了。

乐陵市科技小院

（乐陵小麦-玉米科技小院、乐陵金丝小枣科技小院）

姜晓芹

山东乐陵市科技小院第四任院长，来自山东威海，25岁，本科毕业于青岛农业大学农业资源与环境专业，现为青岛农业大学资源利用与植物保护专业2020级硕士研究生，师从张福锁院士/陈延玲副教授，研究方向为小麦-玉米技术集成与应用。

我眼中的科技小院

2020年5月22日，陈延玲老师通知我，根据工作安排，需要我前往乐陵科技小院并有可能长期驻扎在那里，深入农业生产一线，问我能否接受工作安排，彼时的我刚成为一名青岛农业大学的准研究生，虽然听到这个通知后心中千丝万缕，但还是当即答应，愿意服从工作安排。

5月25日，我踏上了前往德州东的列车，对未来还充满迷茫，更没预想到，接下来的日子里，那里会成为我的第二个家乡，当然，这是后话了。当时前往乐陵科技小院的路上，对我来说，最幸运的莫过于还有另一个准研究生李久洲同学同行，一路上聊聊大学生活、憧憬下未来，时间也过得飞快。

下了火车，出租车司机径直把我们送到了科技小院门口。一进门，看见蒋伟师兄正在水池边清洗餐具，院子里有两位阿姨正在清理冰箱。蒋伟师兄抬起头见是我俩，赶紧甩甩手过来迎接我们，问我们一路是否辛苦，并冲屋内喊着另外一个师兄的名字，让他赶紧出来帮我们拎东西。安志超师兄闻声满脸笑意地从屋内跑出来，说终于等到我们了，乐陵科技小院这个大家庭后面就更热闹了，边说边帮我们提着行李向屋内走去。随后带我们参观了男女生宿舍、工作间、厨房等等，这一切历历在目恍如昨日一般。

在后来的工作中，慢慢了解到，全国各地的科技小院大都建设在农村，以“解民生之多艰，育天下之英才”为己任，扎根基层，在生产一线开展科学研究、社会服务和人才培养工作。无论是农事服务指导、技术推广还是文化生活，科技小院的学生都全身心地融入当地百姓生活中，与农民同吃同住同劳动。

我眼中的科技小院是“人才孵化的摇篮”——科技小院是一种不同于传统的人才培养模式。在这里，研究生们走出实验室，深入农业生产一线，

在科技小院过中秋节

农业技术培训

田间“出诊”

对于农业院校的学生来说，相较单纯的课堂知识传授，科技小院这种理论联系实践、耕读式的教育更能培养学生的知农爱农情怀。现在，研究生们对于田间管理尚且不太了解，而他们借助科技小院这个平台，可以深入农业生产一线，则会有非常多的机会接触到农业生产。

我眼中的科技小院是“行走的教科书”——在农业农村生产一线，指导农民正确的田间管理方式，随时准备解决田间出现的各种问题，“零费用”到田间地头“出诊”。虽然也会遇到很多植保技术的考验，但是背后的专家团队以及现有的网络资源能够帮助我们更好更快地传播专业技术知识，使农民不再是传统的“经验化”种植。

我眼中的科技小院是“生活的历练场”——科技小院的学生们长时间驻扎在农业农村一线，意味着大部分90后以及00后的学生们要面临独立

生长指标测定

生活、独立学习等各方面的问题。在科技小院的生活也许是艰苦的，无论春夏秋冬，都要进行田间试验，白天在田间指导农户、管理试验田，晚上还要进行农业技术培训。习惯了城市生活的我们，不免感觉这里生活的单调与枯燥。当然，每当收获的季节，也能感同身受农民丰收的快乐。基层生活酸甜苦辣的宝贵经历，也培养了我们独立自主、自力更生的能力。

这就是科技小院的我们，一群活跃在农村的研究生们，在艰辛的环境下，浇灌着各自的梦想，绽放着青春的光芒。

学习成长　收获珍贵的友情

在乐陵科技小院这个大家庭，我能够快速成长，除了要感谢陈延玲老师和乐陵市农业农村局梁军副局长两位导师的谆谆教诲外，还离不开师兄们的帮助。

科技小院每年都会举办新生暑期培训会。培训时，研究生们会被安排住进不同农村家庭中，与农民“同吃、同住、同劳动”，以提升学生的沟通表达能力，锻炼实践应用能力，同时为培养实践能力强、综合素质高、“三农”情怀深的科技小院研究生做准备。入驻乐陵科技小院之前，我对科技小院还很陌生，只了解到要在农村待满两年，期间还要开展田间试验、农业技术培训、田间问诊等工作，当时这些对我来说都是崭新的。但是我现在已经对这些田间试验及科技小院的工作游刃有余，而我的进步和成长，

玉米播种

科技小院接待

订购配方肥

离不开三位师兄一点一滴的指导。

说起师兄，首先非常感谢安志超师兄，我在科技小院所有的成长几乎都是师兄手把手教我的。日常工作中，虽然师兄特别繁忙，但我任何时候问他问题他都会详细为我解答，有时师兄讲解几遍我仍然理解不了，他会开玩笑说“我们之间可能存在代沟”，到最后还是会不厌其烦地给我一遍遍讲解，直到我弄懂为止。工作中，师兄为了锻炼我的能力，会给我独立安排工作任务，遇到问题时，他会教给我应该如何解决。生活中，师兄也特别细心，记得入驻科技小院不久，师兄们要离开科技小院，前往河南、河北开展“1351”工作，但是又担心我一个人无法外出。科技小院建立在农村，我们的外出交通工具是一辆三轮车，但是我压根没接触过，为此，师兄还专门训练我骑三轮车，每天出行都让我来骑车，他坐在旁边指挥，并提醒我注意来往车辆。我想，如果没有安志超师兄的帮助，我对现在的工作也不会这么驾轻就熟、应付自如。

科技小院农业技术培训

除了安志超师兄，蒋伟师兄和孔忠良师兄也经常协助我开展各项工作。我们一起开展小麦和玉米田间试验，引进夏玉米增密技术，在炎热的六月份人工播种玉米。我们请来农户与我们一起拉线、刨点、点种、施肥、取样、收获。从清晨到傍晚，从炎热到凉爽，我们流下了汗水，但我们也体验了丰收的快乐。我们一起去田间为农户解答生产上的问题，一起清晨五点钟下地因为困而睡在三轮车上，一起在田间进行小麦和玉米测产，一起为农户订购和分发配方肥，一起为农民开展农业技术培训……

师兄们的鼓励与帮助，使我慢慢能够独当一面。师兄们在小院的时候，总觉得有个“定海神针”，我从不担心会遇到任何困难，因为可以找他们一起商量解决问题的办法。师兄们离开小院后，当陈老师跟我说省委派驻乐陵“加强农村基层党组织建设”工作队要参观我们的小院时，我既紧张又兴奋。那是我第一次一个人进行小院参观接待，我忐忑不安地遵照师兄之前的教导，依葫芦画瓢先打扫好小院卫生，然后准备接待材料，同时在心里无数次地给自己加油打气，但是仍然紧张到半夜睡不着，担心自己不能顺利完成工作任务，好在经过精心的准备，我圆满完成了此次参观接待工作。有了这次独立进行接待的经验后，我开始慢慢成长，如今我已经可以坦然自若地一个人带领农户下地取样，一个人处理样品，一个人带领师弟师妹们接受采访，一个人以乐陵科技小院名义参加街道和农业局的活动……

现在的我相比初入驻科技小院时的我已经有了很大的变化，在师兄们的帮助下，现在的我少了一份羞涩，多了一份勇气，少了一份急躁，多了一份耐心与坚韧。以后的日子我会珍惜在乐陵科技小院的每一天，我也相信我会变得更加成熟，在此，感谢三位大哥哥的帮助，我会永远珍惜这份珍贵的友情。

田野里的故事

乐陵科技小院驻扎在农村，离城镇比较远，外出交通不是很方便，信息也比较闭塞，乡村更无都市的繁华商业和娱乐项目。在这里，几乎有点“世外桃源”的感觉。所以，最初以为在科技小院能做的只有完成田间试验的工作。可是随着慢慢深入的了解，我发现正因如此，我们这些常驻科技小院的研究生们却有了更多的时间与庄稼“对话”，去探索广袤的田野间蕴藏的乐趣，而这些奇妙的发现也促使我在农业科技探索的道路上越走越远。

在开展小麦技术引进理论化田间试验验证的时候，我发现小麦从抽穗期到扬花期的时间非常短，短短两天小麦便可以全部抽穗完成，抽穗完就会立刻进入扬花期。期间我到田间观察小麦的抽穗情况，发现“济麦22”的分蘖能力和成穗能力比较强，试验田的一株小麦可以平均分蘖5穗，有的可以达到6穗。但是在按照农民习惯播种的试验小区，品种为“良星77”，分蘖平均在3穗，最多的在4穗。我把“良星77”与“济麦22”进行了对比，发现“良星77”小麦品种不仅平均分蘖少，而且无效分蘖非常多，但是“济麦22”每一个分蘖几乎都长成穗。同时“济麦22”小麦品种的植株茎秆也较“良星77”粗壮。我把试验田的小麦植株与其他田块农户种植的小麦也进行了对比，农户种植的小麦品种也是“济麦22”，播种量在每亩40斤左右，平均单株小麦的分蘖穗数却比试验田少，茎秆也比试验田的细。这可能与品种以及播种量有关系，这个问题为我们后续试验找到了新的研究点。

有一次，我在田间察看小麦的生长情况，发现“良星77”小麦品种植株根部叶片发黄，“济麦22”品种根部叶片没有这种现象。我对比了一下农户地块的不同品种，也有这种现象，回去之后，我把这一发现告诉师兄，问师兄是不是播种量的不同导致了这个现象。师兄对我说“这是因为小麦的根系活力低，吸收肥水能力减弱。如果小麦生育期田地肥水供应不足，就会导致麦株在晴天出现生理性缺水，老叶细胞叶绿素加速降解，从而引起植株根部叶片褪绿发黄”。由此，我也明白了在试验方案的设计上，为什么我们设计的优化试验处理，要在追肥量上进行优化——适当减少基肥量，增加追肥量。

果然，小麦收获后，相较于农户们地里种植的小麦，我们试验田的亩产量得到大幅提高。村里许多农户排队前来小院购买试验田生产的小麦，以留作下一季的种子。看到农户脸上喜悦的表情，我突然意识到我们这份工作的重要性和意义，为农民带来真真正正的收益是我们农学人的使命。

良星 77 与济麦 22 对比

现在科技小院驻扎的南夏村的村民对我们的工作非常支持，我在南夏村开展工作也非常顺利。当然，所有这些成绩离不开师兄师姐们做的大量前期工作。乐陵科技小院主要开展粮食作物生产研究，而且经过师兄师姐们的努力，村民们已经了解到科学种田的益处，降低生产成本的同时，还能获

前来购买种子的农户

得更大的收益，所以现在在小麦、玉米的各个生育期，农户会经常到小院来询问一些生产中遇到的问题，面对每个农户的问题，我们都会耐心讲解。为了把农业生产科技知识辐射到更多的农户，我们还通过田间地头解答、乡村大喇叭广播，在不同乡镇不同村庄以开展农户技术培训等多种技术传播的方式进行农业科技知识的普及。我们还荣幸地受到乐陵市农业农村局邀请为当地小麦和玉米种植大户开展专题技术培训。我们还建立了微信群、公众号等新媒体平台，以满足随时随地解答农户问题的需求。

学有所用，知行合一。在科技小院，我深切地感受到了农民对知识的渴望，对科技的需求，我也必将把自己所学知识，传递给更多农户，让他们深入了解科技在农业生产中的应用前景与成效，助力他们增产增收。

24岁，心的服务

随着社会的发展，农村越来越多的年轻人外出务工或到城市里工作，留在村庄里的往往是一些年迈的老人或是无法进城上学的孩童，这种现象在科技小院所在的村子及周围村庄也很常见。老人和儿童留守的村庄，一般是每天孩子们早早放学，在村子里奔跑打闹，没有其他娱乐活动。为此，科技小院学生每年都会在小院驻地举办消夏晚会，其一是丰富村民的生活；二是通过举办晚会，拉近与村民之间的距离，以便更好地开展技术服务，让技术传播更有温度。

2021年6月10日，乐陵科技小院举办“送感恩迎丰收”向中国共产党成立一百周年献礼文艺晚会。这次晚会的举办时间正好临近小麦收获期，科技小院也来了四位本科生师弟师妹开展实习工作。我们四个驻扎在科技小院的研究生带领师弟师妹还要进行田间测产工作，工作任务繁重，工作量非常大，但是我们都充满热情，决定一手抓工作，一手抓晚会。

村民们知道科技小院要举办晚会的消息，好像也重新燃起了活力，纷纷报名要参加晚会演出。秧歌队的阿姨们白天下地劳作，晚上敲锣打鼓列队行、走舞步；爱好唱戏的叔叔们白天上班，晚上在树下自编自演练习京剧；当地政府对于我们举办晚会也是大力支持，镇政府为我们联系了舞台、灯光、音响设备，农业局为我们提供了幕布。在晚会举办的三天前，我跟师兄还在确定小品的主题，笑点少的不行，不接地气的不行，必须是与生活相近的题材，最终确定下来的小品我们参与了7人。小品排练又是一件困难的事情，我们7个人的台词不顺，经常忘词，我们的表演不够自然，经常漏掉关键语句，越来越多的问题困扰着我们。但是，一有时间就开始背台词，经常完成小麦测产工作后排练到深夜十二点。

晚会主持

合影留念

观众答题领奖

今年的晚会主要由我负责，在亲友眼里我还只是一个不经世事的24岁的小丫头，虽然对所有事情都抱有饱满的热情，但是却没有一点经验。

那段时间，连续一周，我每天都是天快亮了才睡觉，有时感觉自己快撑不下去了，但是村民们每个人都在用心准备，师兄们也拿出一切时间帮忙筹备与规划，这些都支撑着我不言弃不放弃。晚会前两天，每天我都组织参与人员排练两遍以上，保证中间不会出现任何差错。

晚会举办的那天，从早上就开始阴沉沉的，时不时还下着小雨。下午在我们到达村里文化广场开始准备的时候，雨停了，天空转晴了，原本担心了一上午，这下让我有了更大的信心。广场上有雨水，师兄和师弟们借来扫帚清扫，师妹们跟我一起组织排练村里阿姨们为科技小院自编自演的小品《三句半》。四点钟的时候安装舞台和音响的工作人员到达广场，师兄在广场盯设备，然后去村委会搬桌子，我和师妹们先回到科技小院梳妆整理。临近晚会开始，我也越来越紧张，全部收拾好后，我们把所有用品以及道具收拾好装进三轮车，坐在三轮车上，我的心仍紧绷着。晚会开始前调试音乐时，我发现不同软件下载的音乐无法同时在一个播放器播放，这样的话我担心音乐播放衔接不上，又或是出现播放错误的问题，多次尝试仍然不可以。孔忠良师兄看出了我的焦虑，对我说别紧张，他帮忙盯音响设备。师兄对于晚会的整个流程十分熟悉，他的一句话给了我信心，支持着我从晚会开始至结束。村里的叔叔阿姨、爷爷奶奶早早围坐在广场，小朋友们在广场玩耍。晚会是由我跟蒋伟师兄主持，农业局王三峰书记、梁军局长、郭家街道王建书记、殷洪岭主任、顾鹏主任出席了晚会。之前一直担心我们的小品会出现问题，但是演出的时候台下的观众都被我们逗乐了。晚会中间我们还添加了抽奖环节，与科技小院开展的工作相关。结合我们重点推广的技术，技术运用的注意事项，观众们都积极抢答，根据问题的难易程度，答对的观众我们送出了不同的奖品。

接近10点，晚会圆满结束，效果比想象中的要好很多。我们为村民带来了快乐，活跃了乡村气氛，为农村注入了新活力。我想这真正体现了我们科技小院的特色——扎根农村，融入农村，与农民零距离，而农民的信任和支持也是我们前进的动力。

双向奔赴的“爱”

时间如白驹过隙，转眼间我已在乐陵科技小院待满一年，这一年既要上课又要兼顾科技小院的工作，所以不得不经常学校-科技小院两地来回奔波。研究生阶段的课程进一步开阔了我的理论视野，而在科技小院的日子里，每天和南夏村村民零距离打交道，我觉得自己已经成为一个地地道道的乐陵人。

记得刚到科技小院的时候，一切都很陌生。陌生的环境、陌生的村民、陌生的师兄，内心不免有些焦虑和惶恐，但是细心的师兄和热心的村民让我慢慢融入并爱上了乐陵科技小院这个小团队和南夏村这个大家庭。刚开始的一段生活中，我发现村民们和师兄师姐相处非常好，会经常过来小院或咨询或帮忙或闲聊，那时心里还有点疑惑，师兄师姐们是怎么做到和村民们相处那么融洽的，没过多久，我便有了答案。

乐陵科技小院成立于2014年，先后有六届研究生入驻小院，现在已经累计入驻2名博士研究生，10名硕士研究生。科技小院以实现粮食作物高产和资源高效，引导农民进行高产高效生产为目标。南夏村村民经过科学种植，减少了肥料过量投入，周年节约成本97元/亩，提升了粮食产量，周年增收383元/亩。长年累月，一方面，科技小院团队的专业能力取得了村民们的信服，另一方面，村民们也被科技小院团队真心为农业、农民做实事，真诚无私的服务态度所感动。有句话说，“爱”是双向奔赴的，科技小院与村民们、村民们与科技小院之间的浓厚感情也是双向奔赴的真情流露吧！

一段时间的朝夕相处后，我对这个陌生的环境慢慢地敞开了心扉，在这个过程中，也收获了满满的温暖和感动。来到科技小院，与我们接触最多的就是夏奶奶，夏奶奶已经79岁了，但是依然容光焕发、神采飞扬，而且特别和蔼可亲。夏奶奶年轻的时候做过会计，之前还担任科技小院成立的农民田间学校的“校长”。夏奶奶闲暇时会帮我们组织调研，帮我们进行农业科普宣传，不管是农业技术还是科技小院背景故事，夏奶奶都了如指掌。在生活上，夏奶奶对我也是格外照顾，有段时间，就我一个人在科技小院，她担心我一个人害怕，于是每天夜里到科技小院陪伴我，我在一旁工作时，她便静静地坐在床边看着我。有一次，我转过头看她时，她已经靠在被子上睡着了，看着奶奶安详的面孔，心里一阵阵暖流，恍惚中，仿佛回到了儿时奶奶坐在旁边陪伴我写作业的温馨岁月。那段时间，多亏了夏奶奶每天的陪伴，才驱走了漫漫长夜中的孤独、寂寞和畏惧，使我慢慢变得强大、勇敢，我也逐渐地适应了一个人撑起整个科技小院的工作。此外，平日里夏奶奶担心我一个人不好好吃饭，每天打电话提醒我要做饭，还会时不时给我送些蔬菜，与爷爷赶集也总会帮我单独买一份菜，别人送给她的吃食她也总要带给我一点……所有这一点一滴的温暖，足够让我变得更加强大，对未来的道路也更加坚定。

年后回科技小院夏奶奶为我包的水饺

还有杜叔叔与夏姨一家人也对我十分关照，他们家离科技小院很近，只有几步路程。生活中，我们真是没少麻烦杜叔叔呢，科技小院的电路坏了，我们找杜叔叔帮忙修理；下水道堵了，杜叔叔帮我们疏通；水管冻裂了，杜叔叔帮我们接水管；需要工具了，也是

杜叔叔帮忙修理下水道

去杜叔叔家里借。每次跟夏姨说“谢谢”，夏姨都会说“你们研究生在村里干农活也不容易，需要什么我这里都有”。杜叔叔和夏姨总是热心地帮助我们，而且平常做了好吃的也都要送给我。还有张会计、王丽姐也经常邀请我们去家里吃饭，村长更是有什么事情首先照顾小院……这就是可亲可敬的村民，俨然已经把我们当成了家人，而在我心里也早就认定了这里为第二个故乡。

现在的我，走在南夏村的大街上，熟悉每一张面孔，熟知每一个人的名字，我会亲切地问爷爷奶奶叔叔阿姨们好，他们也会热情地跟我打招呼，一句句“小姜，做什么去了”“小姜，吃过饭了没有”“小姜，今天家里有新鲜蔬菜，忙完了过来拿”“小姜，今天别做午饭了，来阿姨家吃饭”……还有比这些问候更温暖的话语吗？

我们用心与村民相处，同样的村民给予我们更多的爱，我们拿村民当亲人，村民把我们当家人。每每想到这些，都能使我感动许久，我也默默立誓，未来我会继续努力，用自己的专业知识助力村民增产增收，为乡村振兴贡献自己的力量，不辜负村民、老师以及各位领导的期望和信任。

第一次科技小院培训会

科技小院成立的目标之一是通过开展“零距离、零门槛、零费用、零时差”的“四零”服务向农户传递农业技术知识。为了将创新的技术推向生产、发挥效益、解决农业技术传播“最后一公里”的难题，乐陵科技小院围绕如何让农民了解技术、接受技术、应用技术的目标，利用长期驻村优势，创新了“户-村-乡-县”四级推广模式，构建了多元化的农技服务体系，更好地给农户提供技术服务和帮助。

我国的农业特点是小地块，碎片化程度比较高，以小农户为主。在小农户众多的德州地区，小农户对于传统种植观念根深蒂固，对新技术的了解程度低。农民可能知道农业生产上的问题，但他们不知道如何解决。他们所接触到最多的只有农资经销商，然而农资经销商只会给他们生产建议，农民还是不了解这中间真正解决的问题是什么。在技术推广上，农民按照传统观念种植，施肥量大、种植管理不科学。科技小院通过开展田间试验，让农民对农业种植管理技术产生兴趣，开展农业技术培训会让农民了解新技术，并在整个生育期全程指导农民应用技术。通过完整的“体系”，让农民学会应用技术，助力小农户实现粮食增产增收。

我来科技小院之后的第一场农业技术培训会是由安志超师兄主讲的，通过这次培训会，师兄给我们介绍了组织一场培训会的整体流程。培训内容上，师兄以农业实际生产问题为切入点，分析产生问题的原因，探索解决问题的途径，并给农户展示了农业技术应用于农业生产的实效，所讲内容深入浅出，并将专业的术语转化为当地的方言，以便农户们能够学懂弄通。培训的整个过程非常顺利，农民对于科技小院推广的技术十分信任，通过观摩这次培训会，我对后面独自主持培训会也有了一定把握。

科技小院农业技术培训会

我的第一次科技小院农民技术培训会是在南夏村开展的夏玉米化控技术培训。当时，我们在村里推广夏玉米增密技术，夏玉米增加种植密度后期配合化控技术增产效果显著。通过在出苗后实地测量农民的玉米出苗密度，对每家每户的出苗密度进行计算，分析农户是否需要进行化控，化控的目的在于降低玉米株高，降低倒伏风险，对密度大的农户建议喷施化控剂。当师兄跟我说化控技术培训由我来主讲时，我还是有些紧张，初入科技小院担心自己所了解的技术知识不足以让农民信服，农民询问的问题我无法解答。但是我不能就此退缩，万事开头难，那段时间，我时常抱着手机、电脑从网页、公众号上搜索增密技术、化控技术等相关知识，然后把了解的内容分类整理，制作课件，同时向师兄及农户们请教实践生产问题，还一遍一遍地练习讲解培训内容。培训那天，晚上八点，农户围坐在村委会办公室，我开始了我的第一次科技小院培训会，我讲解了玉米为什么要进行化控，给农户们展示了化控与不化控的对比实例，并推荐了化控的最佳时期。在那十几分钟的培训中，村民们聚精会神地观看课件，聆听我讲解的内容。

农业技术培训是最直接的农技推广方式，在驻扎科技小院的日子里，我们陆续进行夏玉米晚收技术、冬小麦精量播种、冬小麦春季追肥等种植、管理技术培训会。这个过程也是我逐渐学习的过程，它也激励我不断学习、不断进步、不断为农民解决问题。

感谢科技小院这个平台让我可以继续丰富自己的专业知识，成为一名“知农爱农”的农学研究生，为乡村振兴贡献自己的一份力量。

蒋 伟

山东乐陵市科技小院成员，来自山东烟台，25岁，本科毕业于青岛农业大学农业资源与环境专业，硕士毕业于中国农业大学资源利用与植物保护专业，现为中国农业大学2022级博士研究生，师从张福锁教授，研究方向为养分资源管理。

初入乐陵

2019年7月，我从青岛农业大学本科毕业，进入中国农业大学开启硕士学习阶段。为了完成学校对于硕士研究生的培养任务和研究课题，根据学院的分配，我于2020年5月来到了乐陵市科技小院。科技小院是建立在农村、企业生产一线，集农业科技创新、示范推广和人才培养于一体的科技服务平台。从河北曲周建立第一个科技小院以来，科技小院就受到了各大媒体、当地政府的极大关注和支持。科技小院在指导帮助农民解决生产难题、推广先进农业技术、培育农业人才等方面发挥了重大作用。2014年5月，中国农业大学和乐陵市政府合建乐陵市科技小院，建院后，乐陵市科技小院的师生与村民们很快就打成一片，原本安静的村子由于科技小院的到来变得热闹起来。在乐陵市政府、科技小院师生的共同努力以及南夏村村民的支持下，科技小院发挥了巨大作用，许多农民在科技小院的带动下成为了爱农业、懂技术的科技农民。

第一次踏进乐陵科技小院时，心中对这个全新的环境充满了好奇，也对未来一段时间的科研生活充满期待。当老师带领我们参观我们未来工作、学习、生活的场所时，我真心觉得这里的条件挺不错，跟我想象中的科技小院比起来，这里的环境真是好太多了。我想象中的科技小院应该是简陋的场所，但是这里却截然相反，漂亮的小房子、地上铺着明亮的瓷砖、卧室摆放着结实的床、床上铺着整齐的被褥……

乐陵市科技小院成员合影

能在这么好的环境里工作、学习、生活，真的是非常幸福了。

初入乐陵，我就感受到了家的温暖，这里有在科研工作和学习生活上给予大力支持的领导和老师，有关心照顾我们的热情农户，还有一起并肩作战、共同为南夏村乃至乐陵市农业发展贡献力量的兄弟姐妹。虽然我从小在城市长大，但是，初到小院，我便喜欢上了这里的一草一木，对于将要在这里生活而热情高涨，对未来的工作也充满信心。

如今每天在村里和农民一起干农活、做试验、开展调研，慢慢体会到了农村科研生活的枯燥无味，逐渐开始想念都市的霓虹、想念电影院、想念车水马龙的街道。即便这样，我依然对科研充满着憧憬和向往，也将继续在逆境中不断摸索科研的真谛。

田间小院的欢声笑语

我来科技小院之前，就时不时地听师兄们提起一位“科技农民”——夏奶奶，听说她会经常协助科技小院开展一些力所能及的工作，而且对小院的学生也关爱有加。我们来到科技小院的第一天，就见到了这位传说中的奶奶。

那天接近中午时分，只见她一手提着鸡蛋，一手提着蔬菜，正徐徐朝科技小院走来，她瘦小的身躯有些许佝偻，满脸的皱纹刻上了岁月的痕迹，但一见到我们，这位老人脸上的皱纹瞬间舒展，露出了灿烂的笑容。我们忙迎上去问夏奶奶好，夏奶奶热情地询问我们的名字、家乡，关切地说生活中有需要帮忙的地方尽管找她，边说话边把蔬菜和鸡蛋拎到了厨房，还教我们怎么做饭烧菜等等，这位老人温暖慈祥的样子不禁让我想起了我的奶奶。

通过交谈我了解到，夏奶奶已经快80岁了，儿孙满堂，家庭和顺，平时跟自己的老伴在村里一起生活，子女都在外地成家立业，完全可以赋闲在家尽享天伦，但是她想着自己仍然耳聪目明，腿脚灵便，加之对土地的热爱，所以仍想做些力所能及的农活，既锻炼了身体，又增加了生活的趣事。夏奶奶与科技小院的学生感情都非常深厚，跟我们在一起时，她总会提起几位已从科技小院毕业的师兄师姐，“广锋、灵丽、伶波、会明，这几个孩子在这的时候可辛苦了，有些日子没见他们了，也不知道他们现在怎么样了”。像是奶奶对孙儿的念叨，有这样一位慈祥、热爱生活的老奶奶，初入乐陵我就感受到了家的温暖。

夏奶奶送的蔬菜

与科技农民一起劳作

每当我们有忙不过来的工作时，给夏奶奶打个电话，她准能按时召集起她的“兄弟姐妹们”，带领大家骑着三轮车在科技小院门口等着我们。奶奶们都说，特别喜欢和我们一起干活，跟我们在一起特别快乐，与其整日闲坐在家，还不如跟我们出来乐呵乐呵，正因如此，南夏村的田间地头常能听到我们的欢声笑语。在这欢声笑语中，慢慢地，我们与当地的群众结下了深厚的情，他们逐渐成了我们可以信赖的家人、可以依靠的长辈，在生活和工作上给予了我们莫大的帮助和支持。

调研挖掘生产问题

来到乐陵科技小院，来到南夏村，我们怀着满腔的热情想真真正正为这里做点实事。刚来的时候，正临近小麦收获，玉米播种，正好可以从这一季玉米季开始做一些工作。那么我们究竟应该做点什么呢？想起来在曲周科技小院进行新生培训时，老师告诉我们，到科技小院想解决实际生产问题就要扎到一线去调研、去发现问题，想到这，我们几个马上商讨如何通过开展调研找出南夏村制约玉米产业发展的主要限制因素。确定好调研任务后，我们便立刻行动起来，分工合作，进一步制定调研方案，设计调研问卷。为了进行一次较为全面的调研，我们的调研内容包括对农户玉米种植管理、农户地块的养分以及农户对技术认知采纳程度

农户参与调研

等。在老师和师兄的指导下，我们做好了充分的准备工作。

准备工作就绪后，我们在全村范围内开展调研，面向大约50位农户。为了提高调研效率，我们划分好时间段，大约半小时可以调研一位农户。当时久洲师弟还在乐陵科技小院，我们可以五个人一起调研。另外，我们还请夏奶奶帮忙通知我们长期跟踪的农户，分时间段来科技小院接受调研。令我们欣慰的是，农户们都非常配合，我们的问卷虽然有点长，但是农户们都很有耐心地回答我们的问题，这就是农民对我们的支持，而这份支持的背后离不开一届又一届师兄、师姐为我们打下的坚实基础。当然，针对来接受调研的农户，我们在力所能及的范围内也给大家准备了一份小礼物，以提高农户的积极性与参与感。

在大家的共同努力下，我们的调研工作进行得很顺利，获取到了最真实、最能反映

分析、讨论调研数据，探寻关键生产问题

传统农户种植密度偏低

实际问题的大量一线数据。经过跟老师、师兄讨论，我们进一步确定了数据分析的思路与方法，分析了农户在玉米全生育期的管理措施以及不同农户地块的土壤性质差异。通过调研分析，我们发现玉米的收获密度对产量差的贡献率最大，也就是说，密度相对高的种植户更容易获得高产。目前，南夏村农户传统栽培管理模式下的播种密度较低，提高种植密度便可以大幅度提高产量，找到问题的关键所在之后，下一步我们便可以对症下药，解决目前南夏村的“卡脖子”问题了。

技术引进及创新

经过上次的调研分析，发现玉米的种植密度是限制农户玉米产量的主要因素后，我们就想怎么能通过提高农户玉米的种植密度来提高产量呢？于是，为了提高南夏村农户夏玉米的种植密度，我们决定引进玉米增密技术。我们利用农学诊断以及国际上流行的边界线分析方法确定了适宜南夏村的最佳种植密度，但是在向农户推广时却碰了壁。

起初，我们只知道农户们并不愿意采纳增密技术，但是，我们并不太理解为什么农户不肯增加玉米播种密度，毕竟提高播种密度可以提高玉米产量。正犯愁后续工作不知如何推进时，科技小院隔壁的杜叔过来了，我们便跟杜叔唠叨了下我们的不解和疑惑。杜叔告诉我们，其实，农户们并不是不想增产，只是担心增加密度后玉米容易倒伏，而且这么多年村里的农户基本都是按照一个密度播种，虽不说产量有多高，但至少能保证稳产。听了杜叔的话，我们几个才恍然大悟，确实，增加种植密度可以提高玉米产量，但同时也加大了倒伏的风险。于是，我们便加紧就这一难题开展调研，最终证实大多数农户确实是因为怕倒伏才不想种的太密。

了解了农户担心的问题所在之后，我们几个学生又马不停蹄地围绕“如何在提高玉米种植密度的情况下保证玉米不会发生倒伏”的关键科学问题开展研讨学习。我们首先查阅文献资料，寻求解决途径，经过几天的学习，我们发现很多研究都表明喷洒化控剂可以在不影响玉米正常生长发育的情况下抑制植株的伸长，从而大大降低玉米倒伏的发生率。虽然我本科也是学农的，但是对玉米种植技术了解的并不是很深入，化控技术还是第一次听说，其他同学也是一知半解。随后我们又开展了多次小组研讨，最后大家一致认为既然化控技术可以防止倒伏，那我们为何不推广“增密技术+化控技术”这套技术组合呢，既可以提高产量，又能防止倒伏。带着这个想法，我们特地去问了一下老师，争得导师同意后，我们便马上开始设计方案。

在学习化控技术时，我发现很多资料中对于化控技术的施用方法和施用时期不统一，但是不同种类的化控剂有着不同的施用方法和时期，不能一概而论。基于这个问题，我又反复查阅文献资料，并进行试验探究，最终我总结了一套不同类型化控药剂的最佳施用时期和方法的规范，还发表了一篇论文——《玉米化控技术的作用及使用要点》。在这次技术引进试验中，我也深刻地意识到在实践中发现问题、解决问题，才能真正响应国家的号召——把论文写在祖国的大地上。

增密技术

化控技术

顺利开展田间试验

商定好在南夏村引进“增密技术+化控技术”这套技术方案后，为了更好地向农户展示我们推广的技术，让农户看到直观的技术效果，我们决定在南夏村找一块地来开展田间试验，同时也可以作为示范田，供农户观摩。但是我们几个初来南夏村，对这里人生地不熟，要租赁土地，谈何容易，面对这个问题，大家又陷入了新的困境。

当我们发愁去哪找试验地的时候，夏奶奶听说此事，来到科技小院说会帮我们联络联络，要我们安心等待几天。果然，没过几天，夏奶奶便给我们带来了好消息，说正好村里有家农户的地要出租，位置挺好，但是不知道是否符合我们的要求。于是，夏奶奶先是带着我们确认了下地块，然后又帮我们联系好农户，谈好了价格。多亏了夏奶奶，租赁田地的事得以轻松解决，接下来我们便着手准备开展试验了。

杜叔是住我们科技小院后院的农户，远亲不如近邻这句话在杜叔这得到了最好的诠释，什么铁耙、铁锹、锄头、镰刀等等一应俱全，每当我们需要时就去他家借，这可能都成了科技小院学生的传统了。每次借用时，杜叔都是热情地拿给我们，从无回绝，所以历届科技小院学生都跟杜叔关系非常好，也经常跟杜叔交流种植经验。这次开展“增密技术+化控技术”田间试验前，我们也是先找到杜叔，想在他的地里开展试验，同时也跟他说了我们开展田间试验的担忧。虽然理论上这套技术比较成熟，但是我们几个新手第一次开展这套田间试验，担心自己的技术水平不过关，会把试验搞砸。杜叔听后，很痛快地答应了，并且鼓励我们说这是为村里做好事，让我们尽管放手去干，他和村民们信得过我们的技术和水平，还开玩笑说：“跟你们科技小院学生相处了这么多年了，你们什么水平我还不知道吗。”这让我们初入乐陵就有种家的温暖，被人信任的感觉真好。

田地找好了，思想包袱也减轻了，接下来我们便开始紧锣密鼓地按着试验方案开展工作了。播种时，我们想让种植密度更精确，但是村里的播种机实现不了我们想要的密度，于是，我们就自己量地块，自己开沟撒种，杜叔在闲暇之余也帮着我们一起干。播种那天，我在地里刨了一天的地，手上磨出好几个大血泡，但是看着试验田初具雏形，心里满满的成就感。布置好了试验，我们每天都来地里观察出苗情况，期待着田里的苗能早日探出头来，功夫不负有心人，一个周的时间，地里的玉米苗都齐刷刷地探出了头。苗一天天长高，我们的试验任务也按部就班地推进着，我们精心地给玉米苗浇水、施肥、打药……杜叔怕我们这些年轻的孩子太辛苦，只要有时间就帮着我们一起干。在大家的共同努力下，试验开展十分顺利，与其说我们陪伴着玉米成长，不如说我们相互陪伴，共同成长。

杜叔跟我们一起开沟播种

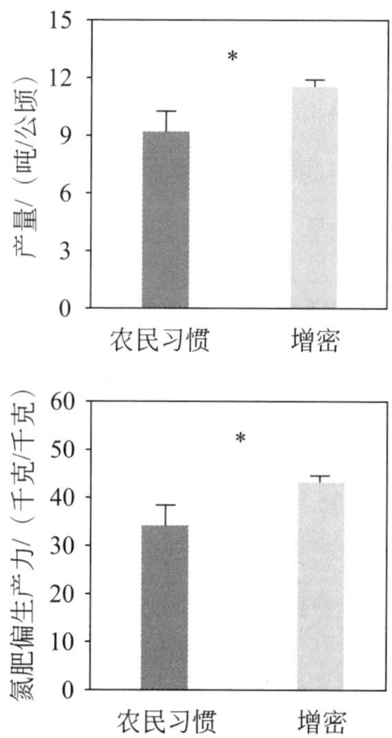

增密技术 + 化控技术效果

秋风赶走了夏日的热浪，转眼间到了玉米收获的季节。那天，凌晨六点我们就来到了地里，十月的寒风肆意呼啸着，我们被冻得瑟瑟发抖，但是看着收割机在杜叔地里来回穿梭，心头又泛起一阵阵暖意。杜叔开着三轮车拉走了清晨的第一车玉米，脸上洋溢着幸福的笑，望着地里一片好收成，我们也非常高兴，心中一种自豪感油然而生。杜叔家的产量今年非常高，比以往增产了27%，每亩地能多挣200多元。收获完，杜叔高兴地邀请我们到他家里做客，还准备了一桌子好菜招待我们，感谢我们推广的技术让他大丰收。我们很欣慰，但是也感觉这是自己的分内之事，看到农户们在我们的帮助下有个好收成就是对我们辛苦付出最大的回报。

可亲可敬的夏奶奶

还记得在开展华北小麦-玉米轮作体系“1351”工作的时候，我们需要外出到河南、河北等其他地区的四个点进行调研，在这段时间里，来自青岛农业大学的晓芹师妹不得不独自长期驻扎在乐陵科技小院，开展技术培训和田间试验工作。考虑到师妹的安全问题，临行前，我们便同夏奶奶打了个招呼，请夏奶奶在这段时间帮忙照看下科技小院及独自在科技小院生活的师妹，夏奶奶听说后，毫无迟疑地答应下来，并跟我们保证她一定会帮我们照看好科技小院和晓芹师妹，让我们只管去开展调研，不用有什么担忧。半个月后，我们完成调研回到小院，师妹说，这段时间夏奶奶怕她一个女生自己待在小院里害怕，每天晚上都会来陪着她。师妹每天晚上录数据、处理数据、学习的时候，夏奶奶会一直在旁边坐着，实在困了就斜靠在被子上眯一会，师妹看在眼里，既感

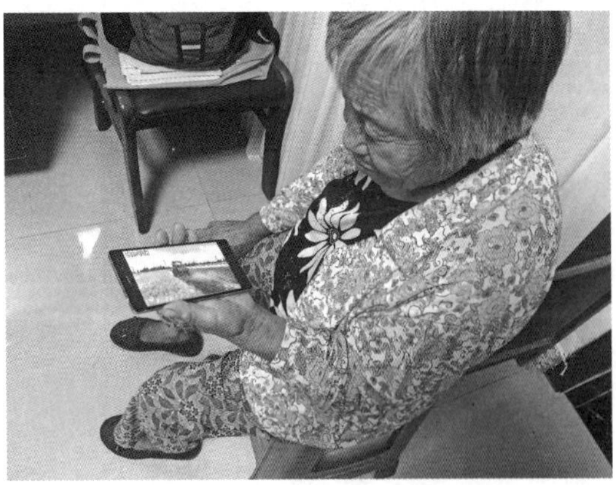

夏奶奶在科技小院观看深翻技术视频

动、也心疼，可不论怎么劝夏奶奶，夏奶奶都非要等到师妹忙完，洗漱好，可以上床睡觉后才肯回家休息。听着师妹的话，我心里也温暖至极，想不到夏奶奶会这么尽心尽力地守候科技小院和师妹。

累并快乐着

十月的秋风渐渐地接近尾声，冬日的寒风便悄悄地呼啸起来，时间过得很快，转眼就到了十一月份，秋天的衣服已经抵御不了这寒风了。记得有次在地里劳动时，我随口说了句“这天气真是越来越冷了，我冬天的衣服还放在学校呢。”说者无意听者有心，在一旁帮我们干活的夏奶奶把这句话听进了心里。晚上我们吃过晚饭，正在宿舍写日志，院子里突然响起了一个熟悉而温暖的声音：“晓芹、志超、忠良、蒋伟你们都快过来，来中间这屋。”我们带着一脸诧异来到了客厅，只见夏奶奶拖着个小行李箱，我疑惑地问：“夏奶奶，您这是要搬家？来科技小院陪着晓芹住吗？”“哈哈，不是啊，你们不是说冷，没

可亲可敬的夏奶奶

有衣服穿嘛，我回去找了些衣服，来，你们试试哪件穿着合适。”夏奶奶笑呵呵地说道，听着夏奶奶的话语，看着这一箱子的厚衣服，我们都愣住了，在寒冷的冬夜里，心头顿时涌起一股热流。为了不辜负夏奶奶的一片心，大家纷纷试起了夏奶奶带来的衣服，这些衣服虽然有些“土”，在我们内心却是整个冬天最温暖舒适的御寒之物。

夏奶奶带给我们的温暖和感动，已深深刻印在我们每个入驻过科技小院的同学心里，当然给予我们温暖和感动的又不止夏奶奶一人，还包括以夏奶奶为代表的很多很多关注科技小院、支持我们工作、关心我们生活的农户们。我们这些入驻科技小院的研究生们，通过努力钻研农业科技知识和进行田间试验实践，帮助当地农户提高农作物产量。带领他们共同致富的同时，农民群众也把我们当做亲人、当做子女，给我们关心、鼓励和支持。与此同时，他们的热忱、真诚、朴实、对农业知识的渴求也帮助我解开了科研困惑，让我深深地爱上了这片乡村热土。

以夏奶奶为代表的农民群众，是科技小院最好的“编外”老师。在此，感谢大家对科技小院的关注，对我们无微不至的照顾！感谢大家让我们真正理解了科研人员和普通农户相连的关系！感谢大家让我们更加坚定了“把论文写在祖国的大地上”的科研信仰！

孔忠良

山东乐陵市科技小院成员，来自山东曲阜，23岁，本科毕业于青岛农业大学，农业资源与环境专业，中国农业大学硕士，师从张福锁院士/王冲教授，研究方向为养分资源管理。

与科技小院初相遇

2020年上半年，也是我研究生生涯的第二个学期，按照培养方案，本学期开学初，我和同级的蒋伟，还有一位师兄，需要入驻科技小院开展实践学习，但是由于疫情，过年之后我们只能在家待命。到3月初，情况稍稍好转之后，我们离开家先赶到了曲周实验站，在那里跟着师兄师姐先学习如何在试验基地开展工作，并等待下一步的工作安排，一切顺利的话，等到5月份便可以前往乐陵科技小院。

科技小院外景

科技小院室内

时间悄然飞逝，眼看马上就是麦收时节，5月初疫情已经好多了，按照工作安排，我们需要尽快赶到科技小院开展今年的小麦测产工作。5月25日，我们踏着金黄的麦浪，来到了金丝小枣之乡——乐陵。乐陵科技小院位于郭家街道南夏村，这里曾经是贫困村，但是现在经过政府努力，村民自己谋取了更多出路，昔日的贫困乡村早已变得大不相同。科技小院的驻地是乐陵市原农业农村局王占林局长家的老房子，科技小院2014年确定在乐陵扎根后，王局长便将老家的院子拿出来作为科技小院大本营，王局长的这一举动为科技小院后续开展工作提供了很多方便。

记得那天我们3个人提着大包小包的行李来到科技小院的时候，我们首先见到了小院传说中的大管家夏奶奶。夏奶奶已快80岁了，但是腿脚灵活，口齿清晰，见到我们非常开心，脸上的笑容把我们都感染了，也驱走了我们初到陌生环境的局促。和我们一同到达科技小院的还有青岛农业大学的两个准研究生——李久洲师弟和姜晓芹师妹，青岛农业大学是我和蒋伟的母校，见到师弟师妹自然倍感亲切，谈谈学校发展、聊聊老师工作近况，很快大家便熟络了，如此这般安排，相信未来工作生活上我们肯定会一起配合得很好。科技小院已经很久没人住了，沙发、橱柜全是一层灰，夏奶奶就和我们一起忙前忙后打扫科技小院、擦拭桌椅、整理床铺，我们让她休息时，她却告诉我们“我不累，见到你们年轻人，感觉我也年轻了，浑身都是力气”。听着夏奶奶的话语，我们干得也更加起劲了。就这样，我们5个人在乐陵科技小院的生活在欢声笑语中拉开了序幕。

乐陵科技小院五人组

在田间认真工作

由于我们3个人的研究工作比较特殊，需要在山东、河北、河南3个省份的4个科技小院开展“1351”的农户种植行为调研、田间数据采集，况且现在正是麦收时期，我们需要把这四个点的麦收情况都考察一遍。但是乐陵这边也不能只让两个新生师弟师妹在这里干工作。经过商讨，决定让我留下来和师弟师妹一起负责这边的工作，蒋伟和师兄先去河南及河北开展工作，等那边工作结束之后再过来给我们帮忙。虽然我也是研一，但是我必须要把这边的工作负责起来，带领师弟师妹把工作做好。

收获之前，我们需要测量小麦行距、数一米双行穗数、数穗粒数、取土……工作很多，任务量很大，我也是第一次系统地接触田间的工作，心里很慌，担心会不会把工作搞砸？好在师兄在走之前给我们详细讲了一遍试验流程、注意事项，我认真做了笔记，基本上算是心里有数了，但是晚上我还是一遍又一遍在脑子里回想，一遍一遍去模拟怎么安排最合理，生怕出现问题，这一刻我深刻地感受到了肩上的责任。功夫不负有心人，在师弟师妹的配合下，我们顺利地完成了任务，而且效率也很高，虽然一开始不是很熟练，但是慢慢地就轻车熟路了。我们都很开心又完成了一次自我挑战，并且获得了极大的收获。

科技小院里的工作就是一个接着一个的挑战，期间会遇到各种突发事件，不过正是这些挑战，促使我们不断进步和成长。

人慈心善的夏奶奶

与夏奶奶第一次相见是在科技小院，我们几个刚放下行李，夏奶奶就闻讯赶到。只见这位老奶奶头发花白，身材瘦小，脸上笑容不断，说着一口乐陵方言，80多岁左右，但仍然精神矍铄，神采奕奕，经过师兄介绍，我们才知道这便是传说中的夏奶奶，乐陵科技小院的大管家。夏奶奶有3个儿女，都已在外地成家立业，一年到头回家一两次，平日里夏奶奶跟爷爷两位老人居住在农村家里，见到我们这些游子不免心生怜悯，倍感亲切。夏奶奶最常挂在嘴边的一句话就是“盼你们来不盼你们走”，每每对待我们如孙儿般疼惜，我们这些异乡求学的学子也都从夏奶奶这感受到了家的温暖。

我们刚来到科技小院时，科技小院因为长时间没人居住，到处都是灰尘。第一天我们决定先好好打扫下卫生，在我们打扫卫生时夏奶奶也忙前忙后跟着一块打扫，虽然忙活着但是脸上还是挂着笑容。刚收拾完又回家给我们拿菜拿鸡蛋，说我们刚来没有菜，没有办法吃饭，现在已经中午头上了，就连忙给我们送了过来，还一再叮嘱让我们赶紧做饭吃，别饿着了，鸡蛋和菜都是自家的，比超市里安全卫生，让我们放心吃。

我们是2020年7月25日到的小院，27日蒋伟与师兄因为工作需要就去河南了，彼时小院里就剩下我和师弟师妹3个新人。挡在我们面前的第一个难题就是没有饮用水。村里是有直饮水净化机的，但是师兄走时忘记把水卡交给我们了，没有水卡就没有办法取水，没有饮用水这可怎么过活，也联系不上师兄，我们在这里也没有认识的人。正不知如何是好之际，夏奶奶过来了，了解到我们没有饮用水了，告诉我们村里的张会计是管水卡的，我们可以去他那里买水卡，但是我们电话打到张会计那里准备先咨询下时，却被告知张会计不在家，要过一周才回来，这难题就来了，村里虽然有自来水，但是只能

可爱的夏奶奶

与学生一起劳作的夏奶奶

洗漱不能饮用，难道接下来一周我们得喝自来水了吗，这可急坏我们了。

夏奶奶知道后，二话不说把自家的水卡拿来了，让我们先用她家的水卡打水，说她家人少，吃水也少，两三天才打一次水，打水的时候再来拿。我们一再推辞，想着再想想办法，不能麻烦她老人家，但是夏奶奶还是下定了决心把水卡放在我们这里。在夏奶奶的帮助下，我们把一切都收拾妥当，也有了每天的饮用水，但是夏奶奶似乎忘了水卡这回事，3天过去了也没有来拿水卡。出于好奇，我带着水卡去到夏奶奶家看看情况，进门却把我看傻眼了，爷爷佝偻着背正在压水，三个空桶整整齐齐地摆在边上，原来夏奶奶家里的饮用水已经喝完了，但是夏奶奶却没有去找我们要水卡。夏奶奶看我来了，说“你来得刚好，我们水刚用完”，可是这哪是刚用完的样子啊，我心里五味杂陈，拎起那3个水桶，来到村委会的直饮水净化机处，把3只水桶都打满，送到了夏奶奶家。以后的日子里，每隔几天我们都会轮流去夏奶奶家帮两位老人打水，或是干些其他力所能及的事情，以回报夏奶奶的“滴水”之恩。

我在科技小院生活的这段日子里，夏奶奶来了科技小院无数次，经常早上6点多就到，或有事或单纯来看看我们，但每次都要给我们带些吃的来，或青菜、或鸡蛋、或土豆……我们出差走时，夏奶奶让我们放心去工作，说科技小院她会帮我们守候，出差回来时，夏奶奶必定准时到达，问一声回来啦，满脸遮不住的欣喜……

科技小院大老师

来过乐陵小院的人肯定不会对一个人陌生，他既是领导也是朋友，既是老师也是“同学”，他就是乐陵市农业农村局副局长——梁军，我们都叫他梁局。梁局儿子的年龄与我们年龄差不多，梁局的年纪跟我们父辈年纪相仿，梁局也是农学专业毕业，毕业后分配到乐陵农业局工作。在科技小院建立之初，梁局为推动科技小院的建立做了不少工作。科技小院落成之后，更是和科技小院保持着密切联系，有时一周要往科技小院跑好几次，视察下工作进展或是牵头给我们提供一些新的试验方案，更多的是关心下我们的生活。听师兄师姐们说，当时还是陈广锋师兄、张伶波师姐在这里，师兄师姐都不太会做饭，梁局每次来都要亲自下厨给师兄师姐做饭，帮他们改善生活，俨然把科技小院的学生当做了自己的孩子。

梁局下地指导农民生产

两位老师讨论小麦长势

梁局作为一个老农人，关于种植的经验自然是不用多说，能教给我们的也非常多。我们在村里的试验地、丁坞镇的试验地以及梁局自家的田地开展工作时，梁局都会在合适的时期把我们带到田间地头，让我们去观察农作物生长状况，还不失时机地问我们一些农业问题，借此指点我们作物生长关键时间节点以及标志性特征，这让我们增长了大量的田间经验。这些经验是看文献资料学不到的，往往在科技小院，与农户交谈、解决问题的过程中，我们会获取丰富的生产实践经验。

记得2020年我们需要进行小麦试验，我们的小麦出苗遇到了一些问题，出苗率非常低，我们心里很焦急，但是除了毁掉重新播种似乎也没有什么好办法。这时候梁局知道了我们的困境，跟我们一起到地里察看，看一看到底是什么原因引起了这样的苗情，他怕自己判断失误，影响我们的试验进程，又联系了农业局的另外一位专家来帮忙诊断。梁局和专家根据出苗及麦苗植株情况找出了原因，并提出了解决方法。在这个过程中，梁局不断地跟我们沟通，指导我们在苗少苗弱的时候应该怎样去做，还鼓励我们不要放弃。因为当时已经过了播种季节，如果毁掉麦苗重新播种，不仅会影响出苗率，也会影响麦苗植株生长发育。梁局的解决方案犹如我们的救命稻草，于是在开春后，我们便一步一步按照梁局的指导，开始拯救小麦，通过采取划锄、喷施叶面肥、水肥同步等一系列措施，最后总算最大限度地保证了产量。

梁局耐心指导学生

梁局带我们调研小麦生长状况

日常生活中，梁局不光引导提升我们的专业知识和专业技能，还会有意培养我们的综合素养。每到举办大型农业技能培训会时，梁局就会推荐我们上去宣讲，梁局时常说知识不光要学到脑子里，必须能讲出来，才是真正地将知识消化吸收。培训时，梁局通常只帮我们开个头，每次都是很谦虚地说自己是抛砖引玉，剩下的就全部由我们来讲。这种大型培训会和村里的小型农民培训会不一样，会特别锻炼与考察个人表达能力，站在培训会的讲台上，面对台下那么多的观众，对个人心理素质也是极大的考验。但是经过了一次次的实战，我们逐渐走向成熟，变得更加开朗自信，语言组织能力和演讲技能都得到了很大提升，整个人的精神风貌也是朝气蓬勃、意气风发，责任担当意识更加坚定。

虽然到现在，科技小院的学生换了一批又一批，但是梁局仍然像当初那样，关心、爱护、用心指导每个学生，不遗余力地支持小院事业发展，梁局就像科技小院的大家长、大老师，教导我们、锻炼我们，默默助力新型农业人才培养。

小院与小学生

科技小院的学生除了完成日常工作外，还有一个特殊的身份：老师。

随着社会发展，不少年轻人都进城打工去了，所以村子里有很多留守老人和小孩，加之当前社会背景下，父母对子女的教育越来越重视，但是农村地区鲜有教育培训机构或者大学生团体。科技小院建在农村，所以科技小院的常驻研究生们自然而然便成了小孩子们的驻村辅导老师。每逢假期，每个科技小院的研究生就会腾出部分时间辅导村里来科技小院学习的小学生，前几年村里小朋友多的时候，还会在村里开办辅导班。虽然近几年村民们生活水平提高了，加上观念的转变，村里不少小朋友转去县城上学，或是上寄宿制学校，平时村里没有了那么多小学生，但是只要有小朋友们来到科技小院学习，我们都会不遗余力地去教他们。

杜语嘉就是村里的一名小学生，她家住在科技小院前边，也是与我们接触最多的孩子之一。她的父母建房哥与王丽姐同我们关系很好，为科技小院的发展提供了不少帮助。平时，还经常邀我们一起吃饭。语嘉小朋友平日里放学后或是周末经常爱来科技小院跟我们一块学习。这个孩子嘴巴还特别甜，经常哥哥姐姐挂在嘴边，说我们看起来阳光帅气、青春靓丽，不能喊我们叔叔阿姨，怕把我们喊老了每每说得我们心里乐开花。嘉嘉在课堂之余喜欢画画，对颜色、构图比较敏感，近两三年经过专业老师点拨，画画技能不断提高，平时也会经常拿着自己刚画好的画来请我们鉴赏一番。

今年正值嘉嘉小升初，也算是求学路上的一个关键时期，建房哥和王丽姐都很着急，确实，望子成龙望女成凤是每个父母对子女的期待，谁不想着自己孩子能上个好点的学校呢！村里没有辅导班，所以建房哥和王丽姐就找我们商量，想让我们帮忙辅导下嘉嘉的学习，我们欣然答应。那段时间嘉嘉放了学就来小院学习，我们三个轮番上阵给嘉嘉补习数学、英语。嘉嘉忘性大，基础的东西需要反复去强调才能记得住，所以每次见到她，我都要提问她几个基础知识，比如数学的单位换算、常见物品的英文名字等等，帮助她加强记忆。每当我们在给嘉嘉补习时，到了饭点，建房哥和王丽姐都会做好了饭给我们送过来，有时候是蒸的包子，有时候是自己卤的肉，让我们省去了做饭的时间。嘉嘉也很珍惜补习的机会，白天有什么难题，考试时有什么错题都会整理出来，留待放学了再请教我们。为了着实提高她的学习成绩，我们还特意查阅了这个年龄段小孩的心理发展规律及认知规律，制定了一套针对她的教育方案，教导过程也是宽严并济，在我们共同的努力下，嘉嘉的学习成绩螺旋式上升着。

与我们一同劳作的杜语嘉

与杜语嘉探讨问题

在长久的相处过程中，我

们和嘉嘉也建立起了亲密的“师生关系”，我们和杜语嘉约定，如果她能顺利地考上实验中学，我们就带她去北京一起爬长城，在她自己的努力以及我们的帮助下，相信嘉嘉一定能实现这个愿望。

农业技术培训

科技小院成立的宗旨是向农户传播农业科学技术，解决农业生产技术推广最后一公里难题，主要通过为广大农民提供农业技术培训、田间技术指导以及丰富农民文化精神生活等“零时差、零距离、零费用、零门槛”四零服务，将高产高效农业生产技术传递给农户，从而提高农产品产量与经济效益，助力乡村振兴。其中开展农民培训是向农民传播农业生产技术最重要、最快捷的方法之一，一次培训可以辐射一大批农民，效率极高。

乐陵科技小院晚间农业技术培训会

残疾人公益培训

农业技术培训并不是简单地将农户聚集起来宣讲一下农业科技理论知识，开展农业技术培训需要综合考虑农作物生长时间节点、参与人员文化素养、培训者语言组织能力和技能等等多种因素，然后再制定详细的培训方案，虽然它是一种广泛快捷的传播途径，但是也需要系统的方案设计。借此机会分享我的几点农业技术培训心得。

农业技术培训的时机选择是关键，不能随意，一般在农作物生育关键时期之前，或者所推广农业生产技术在本轮农作物实施之前举办农业技术培训，让农民有足够的时间去消化吸收新的农业生产技术。例如在推广夏玉米晚收技术时，我们通过调研，了解到当地农户收获玉米时间普遍偏早。一般在玉米蜡熟期便开始收获，但是此时的玉米尚未完全成熟，如果晚收十天左右，等玉米进入完熟期再收获，可以有效提高玉米产量。所以我们选择在玉米乳熟期开展夏玉米晚收技术培训，以有效制止想要收获的农户进行过早收获，帮助农民实现增产增收。另外一个重要的点就是培训者的语言组织技能，培训时应尽量避免使用过于学术的语言。需要把高深的理论知识转化为通俗易懂的语言。如果能把一些专用词语转化为方言，便可以一下子拉近与农户的距离，农户也更易于接受培训的技能，所以培训前需要了解一下当地农户对于一些词语的地域性叫法，以便在培训中使用。再一个就是在培训过程中需要跟农户有互动，不只是语言互动，还要有眼神交流，时刻抓住农户的注意力，以防农户游离于培训，错失技术关键点，与农户互动可以更

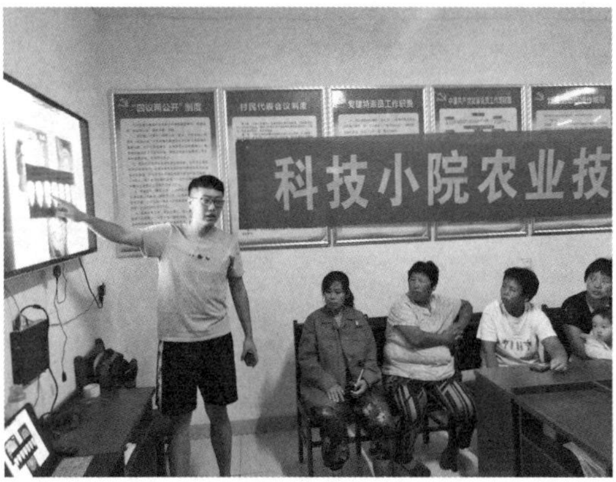

玉米技术培训

田间指导

好地帮助农户获取知识、理解技术、掌握技能、提升技术扩散效果。当然，开展农业技术培训时，培训者自己必须要有充足的知识储备，因此培训前，需要制定详细的培训方案，撰写培训讲稿，准备培训资料，多做演练，要有台上一分钟、台下十年功的心理准备。

农业技术培训的过程也是自我提升的过程，举办一次培训不仅可以提高自己的逻辑思维、语言组织能力、演讲技巧，还可以学习如何和农户打交道。虽然开展一次农业技术培训往往会耗费我们很多时间和精力，但是科技小院的每届学生们都乐此不疲，每每都有满满的成就感，因为我们知道开展农业技术培训会在将农业生产技术传递给农户、助力农业提质增效的同时，也是为乡村振兴做出青年人应有的贡献。

山东省公费农科生篇

莱西胡萝卜科技小院

刘晓宇

年龄：22岁

入学年份：2018年

所学专业：农业资源与环境

曾服务过的科技小院：莱西胡萝卜科技小院

充实而有意义的暑期生活——我的莱西实践

2021年暑期，为了巩固在校期间专业所学，也为了提升自身专业学识应用能力，我想自己应该做些什么，以提前适应和熟悉未来从事的农业技术推广工作。陈延玲老师和宁刚老师给我们班同学争取到去莱西科技小院进行专业实践实习的机会，于是我就积极报名参加，期待着遇见与学校课堂不一样的学习生活。这段实践之旅，我来到了莱西科技小院的共建单位之一——青岛有田农业发展有限公司的育苗基地。在这里，我学会了挖土豆、种大姜、进行组培，吸收了很多书本以外的专业技能知识，认识了基地的朋友，整个实习非常充实而有意义。

刚来到这里时，有些忐忑不安，不知所措，不知道自身能力能否达到工作要求。不过当几个同学都到达后，学习氛围也即刻产生，像是回到了学校里分组课程实习一样，我紧张的心情慢慢放松下来，空气中也飘荡着大家的欢声笑语。

在基地，我接触的第一项工作是摆放育种盘。育种盘上总共有105个育种穴，我负责放育种盘，育种盘经过机器后，会经历基质-撒种-覆土-均匀四个步骤，其中的撒种步骤有时会因为机器故障导致105粒种子不能完全被撒施在育种盘里，这时就需要人工撒种，将一粒粒种子小心地放进穴盘里。均匀的步骤也要人工来做，机器本身设置的原因，会有一个三角上没有覆土，这会影响到种子的萌发。因此我们要将土均匀地铺开，尽可能使种子全部萌发。人工辅助所做的每一步都影响着种子的萌发率和经济效益，因此需要倍加小心。

接下来的几天，我们开始学习挖土豆，起初我有点疑惑，不知道为什么要挖土豆。后来小崔姐姐跟我们说，我们挖的土豆是原种，挖出来之后先在0～6℃下保存20天进行冬眠，之后我们再将其进行组织培养，将其培养后的茎秆进行切割再次组织培养，这时获得的是原种。将原种继续培养，再获得新一代，这时培养后的苗就可以种到地里等来日收获。如果只是听一听，没有长时间的挖土豆经历，我想我不会记得这么多，也学不到这么多有用的知识，以这些知识为基础，可以让我从中推敲出别的知识。大田知识是贯通的，希望之后可以更加勤学，认识更多大田作物，并赋予其更多的价值。

挖完土豆后，我们需要将其中的根刨出来，防止之后影响其他作物的发育率。种植的基质是进口泥炭土，在刨的时候我还很疑惑，为什么没有虫子呢？一般地里都会有虫子，这些问题在偶然间得到了解答。当时有很多姐姐骑着三轮车过来，上面有很多肥料和菌敌剂，将其按照一定比例混合之后撒进地里，我们再将其搅拌混匀，经过姐姐们的解答，我明白了是那些菌敌剂起到了作用，所以地里没有虫害。再

挖土豆

种大姜

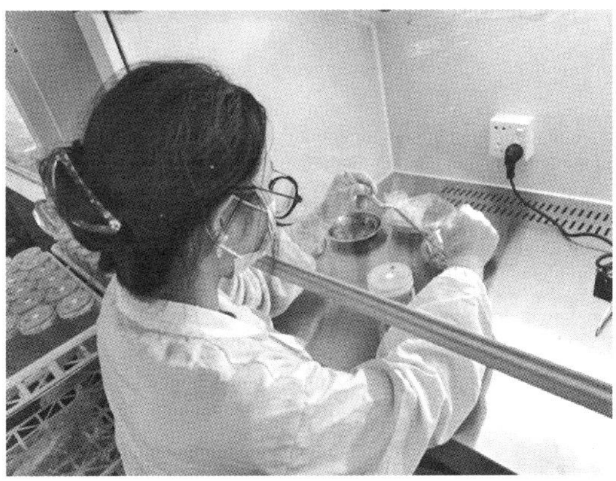

组织培养

经过一晚上的洒水，使得整块基质盘被润湿，我们便开始了新的作业内容。

开始种大姜啦！种大姜的要领是横行要种十一株苗，大姜苗基质要完全覆土。我们按照这个要领不断改进，也不断进步，汗水滴滴答答流下来，手套上也沾满了泥，身体也有些许累，但一想到此时的汗水可以换来沉甸甸的果实，我就感觉身体轻松了很多，变得干劲满满了。在栽种时，我们不小心犯了个错误，每行少栽了一株苗，我们意识到后赶紧补救。补救后我觉得我们真是太粗心了，这还可以补救，有的工作一旦做错了就不能补救了，如果给农民指导做错了，造成无法挽回的损失，怎么能让农民放心我们的工作呢，我们不就失去他们的信任了吗？这个学习过程，让我印象深刻。

然后，我们开始了组织培养，经过这么多天的组织培养，我有一些学习小心得，现记录分享一下。

一、要仔细认真，桌子、镊子、小刀要仔细消毒，一点点的纰漏，都会滋生细菌、杂菌，消耗成本。

二、培养瓶中夹取地瓜苗时动作要迅速，不要让地瓜苗的任何地方碰到置物器的壁上。

三、镊子和刀子也要避免与除置物器之外的任何东西接触，如有接触应立即消毒，不要抱有侥幸心理，否则损失极大。

四、组织培养后将置物器和使用后的镊子和刀子拿出去，交由相关人员消毒。

作为即将要深入农村基层开展农业技术推广服务的农科生，我们应该珍惜每次学习实践的机会，磨炼自己，认真做好点滴事情。要知道不积跬步，无以至千里；不积小流，无以成江河。我们每天从这里得到的新知识要反复琢磨，直到可以真正敢于做出针对农民地况的决定，我期待那一天！

卢瑞芸

年龄：22岁

入学年份：2018年

所学专业：农业资源与环境

曾服务过的科技小院：莱西胡萝卜科技小院

学习组织培养

在莱西科技小院实习这段时间，令我印象最深的就是在莱西科技小院的共建单位之一——青岛有田农业发展有限公司学习组织培养。7月23日，我们终于进入了心心念念的组培室中，进行组织培养工作。植物组织培养占用空间小，不受地区、季节限制，培养周期短，可短时间大量繁殖，能够批量培育高质量品种，投资少，经济效益高，节省大量的人力物力，是未来农业发展中不可缺少的一部分。

组织培养实验

全身消毒

进入组培室之前，我们需要先穿好实验服并戴上手套、脚套，然后再进行全身的消毒。进入组培室后，首先来到了接种室学习接种，由公司有经验的工作人员先给我们演示一遍，然后再由我们自己上手实验。我感觉虽然我在学校学习过组织培养，但是实际操作还是有一定的差异。在工作人员演示时，我们觉得操作还比较简单，但是到了自己上手的时候就不是一回事了，每一步的操作对我们而言都变得异常艰难。我们要进行的工作是对地瓜幼苗进行分株，分株时需要只保留植株茎的部分，要将植株的根和叶子都切掉，而且切掉的时候，为了保证不感染细菌，操作者操控的镊子和刀绝不能碰到用于操作的盘子内壁以外的任何地方，哪怕是盘子边缘也不可以。而我最容易出现失误的地方就是拿刀的时候总是会不小心碰到盘子边缘，导致细菌感染，所以我跟着工作人员反复练习了这个操作。终于，经过一下午的努力练习，我已经基本上不会在这个地方失误了。

同时，分株过程中还需要注意，在接种环节手不能触碰到瓶子内壁，而进行接种的镊子则绝不能接触到瓶子的外壁，这也是我着重练习的一个方面。在组培的工作中，各种小细节关乎着整个组培工作的成功与否，通过这个工作我认识到，做事情尤其是这种虽然过程简单但是高标准严要求的事情，我们必须高标准严要求地完成每一个环节，勤加练习，在练习的过程中不断寻找总结自己容易出错的地方，努力改正，直到能够熟练掌握每一个细节，争取在最短的时间内最好地完成。

在青岛有田农业发展有限公司，我们不仅学习到了选种和组织培养等相关育种方面的知识，也认真了解了莱西科技小院与有田农业发展有限公司共同打造产后农业产品的深加工以及农业品牌建立的相关知识。结合我们在学校学习调查所得，我认为中国的农业品牌发展还有很长的路要走，我们不仅要努力推进农业的基础设施建设和农产品的发展，更要做好农业媒体宣传工作。农业专业媒体宣传需要作为农业合作纽带，顺应时代发展。我们立志服务“三农”，要实事求是，勤勉创新，以各种平台为抓手，凝聚农业力量，不断推进农业品牌发展，营造良性循环，为“三农”发展营造良好环境，推动农业发展，实现合作共赢。

生活中的小幸福

2021年7月27日，我们在莱西科技小院的共建单位——青岛有田农业发展有限公司的育苗基地正式开始了组织培养工作。有了之前练习的经验，

美丽的天空

种植姜苗

观看奥运会

我们的操作越来越规范，速度也越来越快，从之前的一天做完30个左右的培养瓶，到现在一天能够做完60个，速度提高了整整一倍，这也算是我们认真学习、练习的回报。在这里，我很荣幸在有田公司员工与莱西科技小院老师和学长学姐的指导帮助下不断提高自己的学习能力，全面提升了自己的综合素质。

27日晚上，由于台风的影响，公司决定停电一晚以保证安全。宁刚老师组织同学们一起举办了一场特殊的交流会，但是我由于个人身体原因去到我姑姑家暂时借住了一晚。姑姑家中有种植草莓大棚，也种了一些大姜，这也是我第一次看到在大田中种植的大姜，和我在玻璃温室中看到的大姜不一样，大田中的大姜植株更加粗壮，但是病虫害较多，因为大田环境相对温室环境而言，水肥和病菌防治等方面都会有所欠缺，所以大田植物生长过程中感染病虫害的概率和范围要更大。同时，不能跟同学们一起共同度过一个十分有纪念意义的夜晚，我也很遗憾，所以在接下来的日子里我也增加了与同学们之间的交流，努力做好团队的一员。但是这次的经历让我也意识到，我们在选种及育苗等方面还有很多知识的欠缺，我也在莱西科技小院和有田农业发展有限公司继续努力学习有关于这些方面的知识，不断扩大自己的知识面，提高自己的综合水平。

在莱西科技小院实习了将近半个月，每天最开心的除了和同学们一起工作学习，就是出去放放眼，看一下乡村的景色了。在学校的时候，每天只顾着低头赶路，偶尔抬头看看天空，也只能看到一幢幢高楼大厦。而在这里，我能看到蓝天白云，树木成荫，柏油马路两边是成片碧绿的农田。同样，在夜晚，这里的月光能够照亮大地，甚至只在课本上见到过的北斗七星，在这里也能看得清清楚楚。不过这里的美好景象也提醒我们，在我们深入基层，帮助农民改善乡村生活，发展乡村农业的同时，我们要努力保护乡村环境，贯彻好“绿水青山就是金山银山”这个理念，保护这一份美好。

28日晚上，我们在秦靖同学的主持下观看了2021年东京奥运会乒乓球比赛。自奥运会开幕式以来，我们都在积极关注奥运会的相关新闻，在休息时间也在观看比赛直播，这次的运动会给我们每个人都留下了深刻的印象，给我印象最深的就是中国的大国风范和中国的乒乓精神，胸怀祖国、放眼世界、为国争光。每一项比赛都是运动员和他们身后的团队一起努力合作的结果。我们应该学习这种精神与风范，提高团队协作意识，就像在莱西科技小院学习的这段经历一样，一点点学着去适应团队，不断提高自己的能力，与同伴们一起，团结一致，完成好每一项任务。未来，我也会带着这种团队合作意识与众多基层工作者一起，服务“三农”，在自己的岗位上贡献出所有的力量。

马艺纯

年龄：23岁

入学年份：2018年

所学专业：农业资源与环境

曾服务过的科技小院：莱西胡萝卜科技小院

马艺纯

矢志“三农”，不忘初心——记莱西暑期专业实践

刚刚结束大三一年的学习，时间匆匆地进入大学的最后一个暑假，为了让自己提前适应社会，也为了扎根基层、深入了解农业生产一线的情况，于是我便报名参加了班里组织的社会实践活动，并加入了莱西科技小院——乡村振兴助农服务队，准备和同学们一起度过一个不一样的假期。7月16日很快就到了，我怀着一颗激动的心来到了莱西科技小院，正式开启了为期15天的实习旅程。

实习的前几天，主要工作任务是在温室大棚里，帮助公司的工作人员一起收获土豆和种植大姜。刚开始工作时，我们便发现大棚内的土壤，与平日里我们所见到的土壤有所不同，大棚内采用的是进口泥炭土，这种泥炭土由藓类植物制得，并掺有珍珠岩和蛭石，具有更好的透气性和保水性。棚内种植的土豆也与平日里食用的大土豆有所区别，这种土豆植株较为矮小，土豆的个头也要小得多，因为它是用来做种子的，这种土豆的培育方式也比较特殊，它首先要经过脱毒处理，再经过组织培养后得到幼苗，之后再将幼苗移种到大棚内的泥炭土上。

收获土豆其实很简单，就是将土豆从植株体上分离，并进行分拣装箱。种植大姜的工作也并不难，只需将前期繁育好的幼苗整齐地移栽到泥炭土内，并用土覆盖住原有土的表面即可。这两项工作看似简单，但实际操作起来并不轻松，因为我们需要长时间站立，弯着腰、

青岛农业大学资环学院 2021 暑期专业实践 · 乡村振兴助农服务队

低着头，不断做着重复性的动作。

在生产一线工作的这些日子里虽然辛苦，但也让我看到了许多、学到了许多。我深深地感受到了做农业的辛苦与不容易，但正是因为有他们的辛苦付出，才会有今天这么多的人过着幸福安定的日子。我们作为一名公费农科生，身上更是肩负着国家和社会交给我们的使命和责任，应当积极投入到助力乡村振兴和发展“三农”事业当中去，努力学习、艰苦奋斗，将自己所学的知识运用到生产实践当中，帮助更多的农人完成他们的理想，实现自我价值的提升！

组织培养

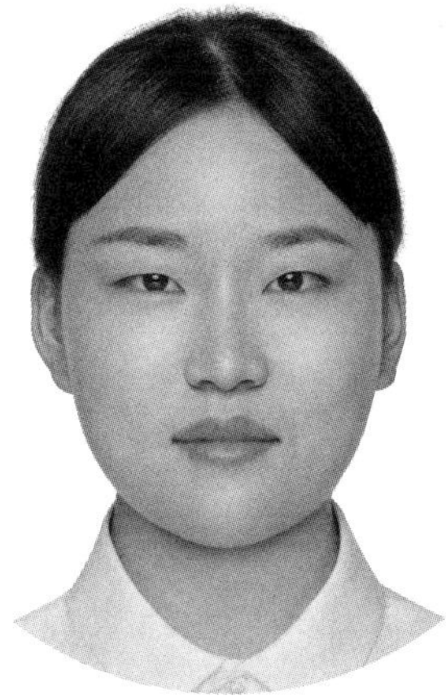

秦　靖

年龄：22岁

入学年份：2018年

所学专业：农业资源与环境

曾服务过的科技小院：莱西胡萝卜科技小院

一杯鲜榨胡萝卜汁的故事

今天是到莱西科技小院实习的第三天，我们一如既往地来到了有田农业发展有限公司的大棚里开始了一天的工作。夏季大棚里的温度在30℃左右，密闭环境，空气不流通，坐着一会儿就开始冒汗了，更别说我们还要出苗育种了。到了上午十一点左右，大棚里更热，我们每个人的衣服都湿透了，汗流浃背，但是我们却很开心，站在大棚里，看着那一排排整齐有序的幼苗，充满着生机与活力，那一排排育好种的穴盘都是我们辛苦劳作的最好证明。劳作虽然累，但也蕴含着奥秘，蕴含着乐趣，我们大家也享受着一起劳作的欢乐和汗水。

就在我们已经累得干不动的时候，刘总端着两大壶鲜榨胡萝卜汁赶来了，刘总说这两大壶胡萝卜汁可是她榨了一上午才榨出来的，她给我们每个人倒了一杯。这个胡萝卜汁真的超级甜，我们以为她加了好多糖，结果刘总说，这杯胡萝卜汁不加一滴水，不加一分糖，绝对是原汁原味。恰巧这时小崔姐姐赶来了，她给我们讲解说，这就是咱们闻名全国的店埠胡萝卜，店埠胡萝卜外形美观，条形好，不分叉，根型整齐均匀，尾部钝圆；色泽鲜艳，有皮红、肉红、芯更红的“三红”美誉；生食口感甜脆，榨汁饮用风味尤佳，它更是含有多种微量元素，营养丰富。

鲜榨胡萝卜汁

我们也了解到莱西市店埠镇有着近30年种植胡萝卜的历史，产品先后获得国家级绿色食品认证，三次被评为“全国名特优新农产品”，是青岛市知名农产品区域公用品牌。店埠镇南部土壤属于肥沃的黑黏土，地势平坦，非常适宜胡萝卜生长。店埠镇境内有胶东第一大河——大沽河蜿蜒流经，为胡萝卜的生长提供了充足的水源。

十几年前，店埠镇的萝卜产业尚不成熟，由于缺乏技术，规模较小，如今常见的大棚都很少见。再加上信息不畅通，销售面临困境，村民对种植缺少信息，传统产业面临挑战。后来，在镇政府的扶持下，村民采用新品种、新技术种植胡萝卜，政府通过招商引资，帮助种植户打开了销路，莱西店埠不断创新产业发展模式，将一家一户分散种植的农民组织起来，大力发展萝卜种植，以“合作社-基地-农户”的生产经营模式，引领大家共同发展，使传统种植产业实现华丽转身。

但由于长期胡萝卜连作种植，近几年店埠镇的胡萝卜产

满头大汗

集体劳作

机器播种

量不稳定，甚至开始出现下降趋势，政府及农户都极为担忧。为了提高胡萝卜产量和品质，莱西市农业农村局引入科技小院模式，零距离、零门槛、零时差、零费用打通农业技术应用最后一公里，以科技创新引领“三农”发展。科技小院与有田农业发展有限公司共同推进胡萝卜一二三产业融合发展，助推乡村振兴，打造特色优势区域品牌，真正实现胡萝卜产业增值、农民增收，以乡村产业蓬勃发展带动乡村全面振兴。而作为一名公费农科生的我在未来的基层农技推广工作中，更应该积极发扬在莱西科技小院学到的艰苦奋斗、刻苦钻研和团结协作的精神，用我的智慧和汗水，加强科技创新和技术应用，利用技术推广活动、科技下乡活动等去推广农业科技创新成果，将最新农业技术推广到户，为“三农”事业的蓬勃发展而努力奋斗！

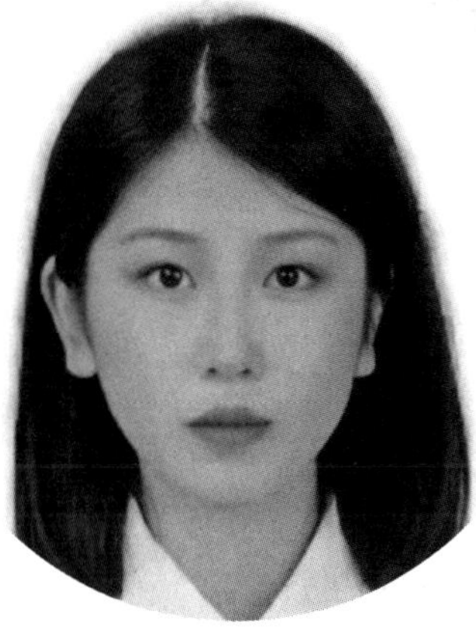

孙慧婷

年龄：22岁

入学年份：2018年

所学专业：农业资源与环境

曾服务过的科技小院：莱西胡萝卜科技小院

力耕农技，助农有我——记莱西实践时光

在欢庆中国共产党成立100周年的重要时刻，我们农业资源与环境专业2018级的公费农科生在暑假期间，积极投身农业生产实践学习环境中，我有幸参加了莱西科技小院助农社会实践活动，为期十五天的实践学习让我受益匪浅。在整个实践过程中，不仅能力得到了锻炼提升，还收获了深厚的友谊。期间我们经历了烈日的炙烤、挥洒了汗水，甚至出现了身体不适的状况，但回忆那段时光，充实而又美好，令我回味无穷，一生不能忘怀。

这是我第一次正式以专业实践者的身份来到莱西科技小院，在科技小院的共建单位——青岛有田农业发展有限公司进行学习。在这里，我首先感触到的是作业环境对视野带来的冲击，单就育苗作业来说，像草莓苗、土豆苗、大姜苗等一一映入我的眼帘，以前在“植物学”课上通过理论获取的知识，今天化作真实的生产一幕。在这里，我参与的工作主要是种苗繁育，也就是在温室大棚里管理种苗。

在实习期间令我印象最深的就是大棚里的设施，通过十五天的劳作与观察，我发现它与普通的大棚不一样，这里配备有种植基质、灌溉系统、育苗机、组织培养室等较为先进的设备。

自动灌溉系统

首先是种植基质，苗子并不是种在土地上，而是种在一个高度为1米，长与宽分别为20米、2米的架子上，架子上有托盘，托盘底部有滚轮，这样就使整盘苗子变得可移动，不仅方便而且增加了放置空

间。托盘上的土也并不是普通的土，而是加了有机肥的泥炭土，这种土具有透气性好、养分充足保水肥能力强等优点。其次灌溉系统并不采用人工操作，在植株上方一米左右，有一根垂直于苗子摆放方向的金属管在移动，管子上有十几个喷头正在洒水，均匀地浇到苗子周围，操作的人手里只需要一个遥控器来控制开关就足够了。育种分为六步：穴盘放置、置土、压孔、放置种子、覆土、补充摆盘。这是一台节省人力物力的机器，不需要工人一颗颗往穴盘里放，只需要在它播完种后，转移到架子上就好。最具科技感的还是组织培养室，组织培养的工作原理与我们的植物生理学实验课上学到的是一样的，它成功地与我们课上所学的知识进行了结合。我非常有幸在实践期间能进入其中参观并实践操作。进入其中工作，必须先进风淋室吹走灰尘，然后用酒精消毒，工作台也必须是超净工作台，

种植基质

组培冷藏室

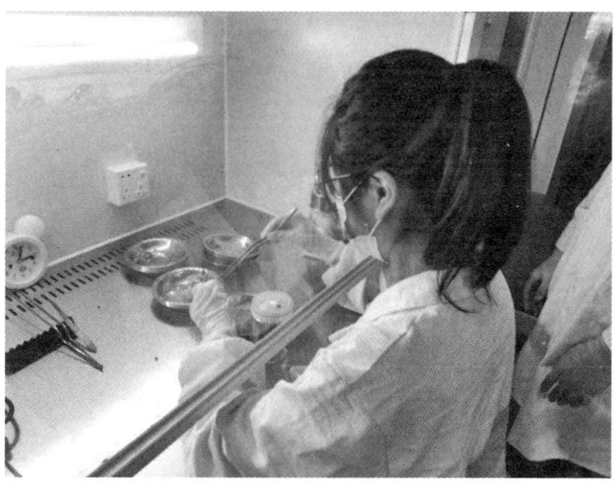

组培操作室

整个环境必须保证是无菌环境。

通过在有田农业发展有限公司的实习，我切实体会到了农业的进步，这离不开国家对农业的重视，从“中央一号文件”到“数字农业农村发展规划”，无不体现着农业的重要性。大力发展数字农业，瞄准农业农村现代化主攻方向，才能让农业高质量发展。

莱西玉米

科技小院

刘子瑄

年龄：22岁

入学年份：2018年

所学专业：农业资源与环境

曾服务过的科技小院：莱西玉米科技小院

刘子瑄

三叔大课堂

莱西之旅的精彩故事许许多多，但最让人印象深刻受益匪浅的经历，莫过于自己切身实地走入乡村，走向田地。这是来自生产第一线劳动农民多年实践的直观感受，这是他们长年累月所得的宝贵经验，这是他们对于农业种植的热情与信心，关于农业他们真的很在行！

三叔大课堂开课啦！我们找到三叔的时候，三叔正忙着用无人机给玉米打药。在无人机喷药间隙，三叔给我们讲解了无人机怎样工作及其使用方法，并普及了一些农技知识。我们了解到无人机现在已经得到了较为普遍的应用，其在打药方面具有方便、快捷、高效、安全的特点。三叔设置无人机打药飞行高度为三米，喷施横向范围为五米，一次加药大约可以喷施十亩地。无人机耗电量较快，需要及时更换电池，没电时可以自动返航。飞行高度需要合理设置，飞行过低或田地不平，无人机则会在田地内绕行，部分地区将会错过打药。如果是在较为规整的地区，可以设置A、B点，使无人机自

无人机打药

无人机添药

听课

观察花生

农药危害

动喷药，这样喷药效率会大大提高。农业机械化能够有效提升农业生产力与竞争力，提高粮食产量，减少人力物力的投入，并且能改变传统种植方式，促进农业朝现代化前进，需要得到格外重视。

关于打药的时间，三叔说，如果当年雨水较多，作物生长较快，则需要提前打药；如果是干旱，作物生长较慢，则需要推迟施肥。关于药品的用量，要根据实际情况合理选择，否则会出现危害作物的严重后果。我们也找到了一片农药危害后的花生地，花生苗枯萎，已经接近死亡。在今后，打药一定要控制用量，防止产生危害。对于农作物的生长一定要协调好营养生长和生殖生长，以今年的夏花生为例，今年雨水较多，降雨过猛，花生根突出，只长个，所有的养分都用于营养生长，生殖生长延后，如不及时挽救，则会导致产量降低，经济效益下降。这些农技知识我们或多或少都在课本上见过、学习过，但真正到了实践应用中，怎么灵活应用却成为了难题，唯有多实践才是解决一切问题的办法。

虫害

“纸上得来终觉浅，绝知此事要躬行。”农技知识一部分可以从书本上获得，另一部分则可以通过实践获得。通过实践获得的知识使用起来会更加灵活，更贴近于农业生产，更具有指导意义。我作为未来的农技推广人员之一，更需要不断强化自身学习能力，将理论知识应用于实践，拥有解决问题的能力，矢志“三农”，服务“三农”！

知识的输入与输出

这次莱西实践的收获大体可以分为两部分，一部分是知识层面上的，一部分是思想层面上的。关于知识我们从实践中得来的相比于课堂上的知识更加贴近于农业生产，更具有指导意义。但获得了不同以往的知识后，我不由得对如何有效输入知识，如何将理论知识与实践知识相结合，如何有效输出知识产生了疑问，在解决这三个问题的同时，我的思想境界也得到了一定的提高。

一切都刚刚好，正好赶上科技小院的李久洲师兄要对农民进行农技知识培训，我随之豁然开朗。当晚的农技知识培训主要讲解了玉米拔节孕穗期常见的化控问题并普及了一些基本农技知识。在于书记的组织下有不少村民到场，他们积极参加培训，热情高涨。李久洲师兄对化控问题进行了

观察记录

实地体验

农技培训课件展示

讲解。化控是指为了防止玉米倒伏而在玉米适宜的生长期喷洒化学药物（植物生长调节剂），从而增强茎秆粗壮程度、降低玉米植株高度、减少植株受风面积的技术。玉米苗期植株若过密，管理不当，则会导致植株疯长或倒伏现象的发生。化控要选择合适的时间，依据科学原则，掌握合理的施药方法。我跟孟璐主要是进行了一些农技知识的补充，对玉米丫子到底掰不掰进行了探讨，其各有利弊。如果掰掉，有利于玉米吸收养分，生长旺盛，通风性良好；而不掰掉，会增加玉米光合面积和根系数量，不会形成外伤导致细菌感染，并能减少人力和物力的投入，总之应依据情况来定，合理选择。

作为一名公费农科生，我知道自己的使命在于农技推广，服务农民，这是我第一次接触农技培训，感觉其大有可为。农民对于一些农业知识并不是很了解，他们的做法往往仅来自于他们多年的生产经验，缺乏一定的科学依据，有时会出现一定的偏差。这一点恰好启发了我，只有学好理论知识，并将理论知识应用于实践，两者相互检验，真正做到两者的完美结合，这样才算知识的有效输入。

农技培训现场

但对于农民来说，他们获取知识的途径少之又少。科技小院的成立为他们获取知识提供了一个良好的平台，引导他们进行高产高效生产，解决他们当前的难题。作为一名公费农科生，将来一定会参与到农技服务中去，而怎样使服务更有质量，真正做到知识的有效输出，这值得我们去探索。目前来说，我们要学好专业课，提高自身本领，把知识灵活应用于实践，真正做到知农爱农，投身于“三农”事业，为做一名合格的农技推广人员不断奋斗！

孟　璐

年龄：23 岁

入学年份：2018 年

所学专业：农业资源与环境

曾服务过的科技小院：莱西玉米科技小院

感受我国农业的不断发展壮大

孟璐

我们来到于旺庄村的第二天，就来到了玉米地里观摩现代大规模农田喷药方式，兄弟农场规模较大，传统的背着农药桶喷洒农药的喷药速度已经无法满足农场的生产需求了，规模化生产下一般采用自动化与机械化的方式。我们来到玉米地的时候，农场三叔正在使用无人机喷洒农药，三叔为我们详细地讲解了无人机如何操作：在规则地形一般会采用AB点喷洒的方式，不规则的地形多数用规划的方式，每五米一个点。经过农场工人反复研究，一般设定为3米高喷洒农药最合适。三叔还为我们讲解了许多注意事项以及操作技巧，但是，对于无人机的使用，并不仅仅是掌握如何操作遥控器这么简单，飞得过低，无人机总是会遇上障碍物，频繁停下，电量一会儿就耗尽了，而飞得过高则农药喷洒的精确度又会下降，药效变低，造成浪费，并且对于不同的作物要求还不同。所以，农业的生产也并非是简单的套公式、机械重复的过程，而是一个需要不断摸索的过程，是一个需要不断

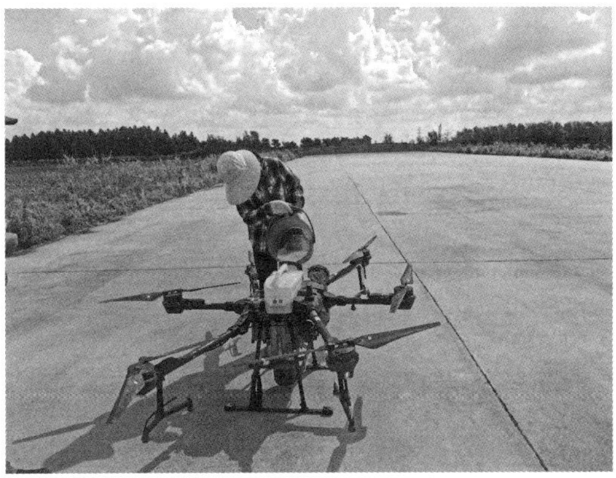

无人机灌药

学习操作无人机

化肥称重

施肥前开沟

烈日当头

思考，发现问题、解决问题的过程。

我们不仅学习了如何为玉米打药，还对玉米试验田进行了施肥。不仅感受了先进的科学技术，也切身体验了田间劳作的辛苦。对于如何施肥，在书本上也许只是轻描淡写的几行字，但是真正走进田间之后，却是一锄头一锄头地一点点干，撸起袖子就是半天。我们虽然学习了一定的理论知识，但是真正走进实践，却并不是我们想象中的那么简单，书本上一个简单的词汇，可能放到田间就是一道难关。晚上，小院的于书记与我们进行了交流，作为一个有二十多年种植经验的农业大户，他有着丰富的实践经验，通过与他交流，我们才更加意识到，实践才能出真知，理论上一些看起来很不错的方法与技巧也许并不一定适用，而且农户也不一定能够接受，只有真正走进田里，弯下腰来，才能知道大地需要什么样的肥料，什么样的方法，论文真的是应该写在大地上，而非仅仅停留在纸面上的。

通过走进农户、走进田间，我们能够切实感受到我国农业结构正在不断优化，农业的发展不断迈上新的台阶，与我们所在的兄弟农场一样，现在很多的农户都在实行规模化生产，能够更好实现机械化与自动化，集中力量，节约资源。作为一名公费农科生，在不久的将来我们就要步入工作岗位，成为一名基层农技推广人员，我们大家都很珍惜这次到科技小院实习的宝贵机会，尽可能多地与农户交流与探讨，在实际生产中，农户有许多自己的经验与技巧，我们应该多向农户学习取经，丰富自己的头脑，致力于服务农业、农村、农民。

撒施尿素

施肥后覆土

整理团队日志

苦干于田间，分享于台前

一直以来，我们都认为锄草是一项极其简单的工作，总感觉抡起锄头就能搞定。在一个其他任务都完成了的下午，等太阳没那么强烈了，我们扛着锄头就来到了地里，抱着轻轻松松很随意的心态就开动了。刚锄了几棵草，就听见不远处传来一声“哎哟”，一个没瞄准，一颗玉米苗就“牺牲”了。由于杂草全部都盘根错节在玉米苗的周边，几乎全是紧贴着玉米苗长的，而且这个时期的玉米苗也不高，又很脆弱，在锄草的时候，一不小心就把玉米苗给破坏了，于是我们就只能放慢速度，聚精会神，小心翼翼地瞄准了再抡锄头。以前，坐在教室，听着老师为我们讲解着理论，看着书本上的文字，想象中的农活都是十分简单轻松的，但真正走进大田才发现一切并非如此简单。

与师兄一起锄草

不施肥地块玉米长势

我们锄草的地块，是不施用任何肥料的，也没有喷过农药，所以这个地块里面的草长得比较多。我们在地里忙碌了差不多一个下午的时间才把地里的草锄得差不多，在锄草的时候，常驻粮油作物科技小院的李久洲师兄给我们讲解了许多玉米方面的知识以及一些他自己种植玉米的经验，这对我来说是一笔很大的财富，对我以后的学习很有帮助。可以很明显地观察到，不施肥的地块生长状况与周围适当施肥的地块生长状况差异非常明显，由此，更能说明化肥在农业生产中的重要性，完全摒弃化肥是不可取的，只有合理施肥才能够充分利用土地资源，保证产量，确保农民的经济效益。

与刘子瑄一起锄草

遭受虫害的玉米叶片

科技小院，扎根于农田，不仅仅是投身于大田，完成一次又一次的试验，还要为当地的农户提供帮助以及向农户学习他们的宝贵经验。小院的师兄在农场于书记的帮助下，在晚饭后请来了一些农户，为他们进行了一个简短的关于化控的培训，农户们非常认真地全程听完，并对于部分问题进行了讨论并与久洲师兄进行了互动。作为一名公费农科生，毕业之后，我们也会走入基层，

数据记录

与农户进行交流

成为一名基层农技推广人员，要想切实服务于农民，就要能够很好地与农户进行交流，为他们讲解我们学到的知识，听他们说出他们的问题，并尽我们所能解决他们的问题。当然，作为刚投入到实践中的我们，农户的生产经验也是十分宝贵的，我们也要向农户学习。基于此，我和刘子瑄也简单地与农户进行了交流，向他们讲解了一些我们在课堂上以及在实验室中学到的内容，同时也听取了他们的经验与方法，收获颇丰，同时也十分感谢于书记为我们提供学习进步的机会，也十分感谢村民们的配合与支持。我相信，在政府的大力扶持与高校师生的支持以及农户的不懈努力之下，我国农业一定会更加强大！

经过在科技小院的玉米地里学习以及通过听取师兄师姐们的培训讲解，我感受到我对玉米知识的了解不是很多，有些只是在课本上见过，但是并没有实践过，所以今后应该加强实践与理论的结合，才能更好地理解问题。

乐陵市科技小院

（乐陵小麦-玉米科技小院、乐陵金丝小枣科技小院）

范敬文

年龄：23岁

入学年份：2018年

所学专业：农业资源与环境

曾服务过的科技小院：乐陵市科技小院

三伏的风雨让我们青春更灿烂

下午的阳光透过接连几日被大雨冲刷的窗洒在屋内的地板上，我不禁回忆起了在科技小院的时光。

印象深刻的第一件事是电视台的采访。采访的前一天晚上，晓芹师姐接到消息，电视台在第二天上午要来科技小院采访，紧急动员开始准备，联系村民、做好讲课材料、协调与电视台成员联系的时间等等，每一个环节都不落下，每一个细节再反复确认。这一天在紧张忙碌中度过，终也是不负众望地完成了前期所有的准备。

在入伏之后雨水一直没有间断，根据近来的天气情况，晓芹师姐主要给村民们讲了雨后夏玉米化控的措施。

前几天科技小院的成员给村民们讲解了玉米拔节期化控的重要性和化控的方法，给村民们发放了农药，但是此农药在4小时内不被雨水冲刷才会发挥最佳的效果。药液也是要随配随用，且不能与农药、化肥混用，喷药后4个小时遇雨需重喷，重喷时药量要减半，但是近几天雨水连绵，甚至昨天田地中的积水量已达到10厘米，这对前期的农药化控有非常不好的影响，使农药药力大幅度降低。面对这样的情况，师姐也告诉各位村民不要着急，只要按部就班地按照科学的方法进行农田管理便可以降低对作物的影响。

听完培训后我们实践小组的成员针对这个问题继续进行了探讨学习并总结了以下几点防治措施：

第一，做好排水工作，如果田间存在积水，应及时挖沟排水，降低田间湿度。

第二，有条件地进行中耕，防止地面板结，促进玉米正常生长。

第三，喷施叶面肥，补充中微量元素，同时还可以加入芸薹素一起喷施，一方面促进玉米叶片变绿，另外一方面，补充了中微量元素，也能够

记录实验数据

促进玉米正常生长。

第四，预防和防治田间病虫害，比如玉米黏虫、玉米螟、锈病、大斑病、小斑病等等。

在实践中我认识到，农事操作在农业实际生产中并没有那么顺利，也并不像想象的那么简单。单一因素控制的情况可能少之又少，遇见问题大都是并发情况和突发状况。例如天气带来的强降雨、高温，人为因素产生的差异等等。

我观察到在面对以上的情况时，大多数农户在没有科学知识普及下常常会采用老一辈传授的经验处理。这些知识有很多是受用的，但是并不能将带来的有害影响降到最低，这时候科学农技知识的普及显得尤为重要，能够尽可能地将损失降到最低。

而那天的电视台采访让我意识到此次的讲课交流面对的毕竟仅仅是南夏村一个村的村民，如果想要将科技知识普及到全国的农户中去就必须充分将农业技术传播与网络宣传相结合。我们可以充分利用手机软件，例如微博、抖音、微信、今日头条等将农业知识以大众喜闻乐见的方式传播出去。

让我印象深刻的第二件事是进入试验田进行样品采集，此次采集的样品主要是测量拔节期玉米的株高、茎粗、SPAD值和叶面积。在采集的过程中我也学习和思考了很多。在我们出发前，我问师姐为什么地里这么多水我们还要去，不可以等着地干一点再去吗？师姐对我说，玉米地拔节期马上就要过了，我们要抓紧时间采到数据，这样才能保证数据的真实性和可靠性。前几天暴雨我们是没有办法下地的，所以要选在今天。可能之前对时机的认识都没有那么重要，不理解为什么要抢农时，为什么要抢收粮。

但这次让我认识到，时机是很重要的一点。很多时候可能我们面对的时机看起来并不是那么顺利，但是错过就不会再来，我们也要抓紧，这可能就是抢农时的意义吧。

进入地里后黏糊糊的土使得我们每一个成员都跟一个泥猴一样，但是大家没有抱怨，而是相互鼓励，在愉悦的氛围中完成了采样。我们脱离学校的实验室来到真正的田间地头，此刻真实地感受到试验研究不仅仅是坐在实验室里处理样品那么简单，每一份样品的采集都凝聚着采集人员的责任心、智慧和汗水，这使得每一份真实的实验数据都显得难能可贵。今后我们进入基层也会时常面临这样的情况，我想我已经做好准备，相信自己能够在基层胜任这份工作。

株高、茎粗、叶绿素含量和叶面积是在拔节期需要测量的四个基础项目，前三个指标可以在地里直接测量，取回来的样品我们再测量叶面积。收集好样品后，我们还需要将样品放入烘干箱进行干物质的测量。可以看出细节很多，每个细节都可能影响到后期的数据统计和数据图的制作，采样员和统计员的主观行为很可能会造成极大的误差，所以在进行测量时，每一个细节都要把握好。我们先将测量的过程规范和流程化，尽可能将每一个环节连环起来。但是在测量时还是会出现各种问题，例如人手不够，一位数据记录员需要同时记录叶宽和叶长，这很容易导致记混或者记漏数据。但是我们大家经过几天的磨合，现在变得越来越默契，工作开展得非常顺利。

称量配方肥

第三件让我印象深刻的事是进入试验田中进行排水。大雨使得农田淹水十分严重，水位非常高，竟能够漫过胶鞋进入鞋里面，这可能是我出生到现在见过的最大的一次农田淹

暑期“大家庭”合影

水，而且地头的几株玉米出现了黄叶现象，说明淹水不透气已经对玉米的生长产生影响，必须马上进行排水，但是农田两侧的水道已经全部满水甚至溢出，村里大队明天才能借来排水车。

排水工作中很多同学的手上都磨出来了水泡，有的水泡已经磨破，但是大家还是能够苦中作乐，非常团结，没有一个同学掉链子。我们互相鼓励、互相帮助，在共同经历了这些事情后，我们的感情不仅仅是同学，似乎变为了“战友”，彼此间的情谊更加深厚。

工作后，我们身上肩负的责任看起来仅仅是农技知识技能的推广，但实际上可以说是关乎民生。我们作为第一批公费农科生，肩负重任，更要脚踏实地，学习好理论知识，并尽可能地将理论与实践相结合，多听多看多学习，为将来到达基层做好铺垫。

李 丹

年龄：23岁

入学年份：2018年

所学专业：农业资源与环境

曾服务过的科技小院：乐陵市科技小院

难忘的培训会

在科技小院发生过许多让我们印象深刻的事。记得有一次，经过前一天一整天大雨的洗礼，终于迎来了太阳。一想到马上要下地了，大家还挺激动，出去看看茁壮生长的庄稼，会使人的心情格外愉悦，农村不仅是适合养老休憩的好地方，还是充满了希望和能量的地方。清早，我们就起来数小麦千粒重了，因为阳光充裕，空气清新，使人的心情也十分的舒畅，工作起来也非常有精神。数粒的过程是挺简单的，但是需要细心，绝对不能出一点差错，否则就会影响到后面的分析总结。

齐心协力挖剖面

开展农民培训会

接着，晓芹师姐说电视台要对科技小院的培训会进行采访，于是我们赶紧收拾东西，到村委会里帮忙。村里的男女老少都很积极，我们还没到，他们就早早等着了，足以看出大家对科技小院工作的支持与肯定，也说明科技小院各方面的工作得到了大家一致的认可。这次是由晓芹师姐给大家做有关夏玉米化控技术的培训，晓芹师姐主要讲了这个时期的夏玉米如何喷施农药，讲解了玉米长叶的各个时期，应该在哪个时间段打药，哪个时间段不能打药（比如干旱的时

李 丹

候），还有就是玉米在最近应该如何管理以及其他注意事项，如：

第一，做好排水工作，在田间存在积水的情况下，应及时挖沟排水，降低田间的湿度；第二，有条件的进行中耕，防止地面板结，促进玉米正常生长；第三，喷施叶面肥，补充中微量元素；第四，预防田间的病虫害。

这次培训会真是使我受益良多，学到了很多课本上学不到的知识，真真正正地走近了农民，发现了农业生产中的各种问题以及解决方法，对我们以后开展工作，帮助农民解决问题，提供了良好的参考方案。通过培训，使我进一步认识到学习田间生产知识的重要性和迫切性。

培训是一种学习的方式，是提高业务知识的最有效手段。相信我们这些富有农业知识的新青年的加入，农村将会迸发出新的生机和力量。

身体力行挖剖面

挖掘土壤剖面是一个大工程，开工前大家都提前准备了很多。师姐给大家打印了土壤剖面挖掘记录表，大家将这个表上的内容划分区域，以小组为单位分别把土壤的各项指标查阅清楚了。我们组负责研究的是地形、海拔、母质、自然植被、侵蚀情况、盐碱情况、排灌条件以及农业利用方式。

经过调查我们了解到：基本的地形类型有五种，分别是平原、高原、丘陵、山地和盆地。侵蚀作用指风力、流水、冰川、波浪等外力在运动状态下改变地面岩石及其风化物的过程。侵蚀作用可分为机械剥蚀作用和化学剥蚀作用。盐碱地是盐类集积的一个种类，是指土壤里面所含的盐分影响到作物的正常生长；排灌指的是排水和灌溉情况。我们以研究的内容为主，交流了一下大家查到的资料，对一些内容提出疑问且积极解答。

准备好各种材料后，我们终于出发去挖掘土壤剖面了。上午，大家把需要的工具找齐备好，做好了防晒措施就出发了。我们是九点多出发的，正是太阳最大的时候，因为现在基本没有空闲的土地，所以师姐将她们的一小块试验田给我们用来挖掘土壤剖面。

到了玉米田里，光是站着都大汗淋漓了，大家虽然热得够呛，但是依旧没放下手中的铁锨，一个个将汗水挥洒在田间的每一寸土地里，让我非常感动。土壤剖面并没有我们想象中那么容易挖掘，玉米经过这么长时间的生长，已经长得非常高了，几乎到我们腰的位置了，所以玉米地里非常闷，加上高温，大家在地里就像蒸桑拿一样。

土壤剖面指从地面向下挖掘所裸露的一段垂直切面，深度一般在两米以内。我们大概挖掘了一米的深度，已经能看到底部的母质层了，并且还有水流出现。长和宽是1.5m×0.8m，挖出的表土、心土分别放置两旁，挖好土坑后，把向阳的坑壁垂直削平，作为观察的一面，观察面上保持原状，严禁人员走动或堆置任何物品，以防止土壤压实或土壤物质发生位移而干扰观察和采样。

身体力行挖剖面

劳动结束后集体合影

土壤剖面可以表示土壤的外部特征，包括土壤的若干发生层次、颜色、质地、结构、新生体等。这对于我们参加学校的测土配方施肥比赛研究非常有用。挖掘土壤剖面这个工作让大家都非常辛苦。2019级的学妹也有着过硬的专业知识，所以她就充当了我们的记录员，并且不负众望将结果记录得井井有条。班长马胜锡同学和陈孟云同学尤其积极，各种活都抢着干，一点都没有抱怨。其他同学干得稍微吃力一点，他俩就把工具抢了过去继续干，是我们大家的榜样。我们做研究就应该有这种不怕苦、不怕累的精神，除了专业知识要熟练掌握，体力也要跟得上才行。这次工作让大家的内心更加团结，真正成了一个整体。

刘腾腾

年龄：22岁

入学年份：2018年

所学专业：农业资源与环境

曾服务过的科技小院：乐陵市科技小院

刘腾腾

科技小院举办文化惠民活动，致力乡村文化振兴

时间回到2021年端午节前夕，一场文艺晚会在乐陵市郭家街道南夏村的广场上拉开帷幕。晚会上，村民、小学生、大学生、研究生轮番登台，台下坐满了村民，台上的精彩表演激起了台下阵阵雷鸣般的掌声；除了精彩的节目，还有紧张刺激的农业知识有奖问答环节，台下的村民踊跃举手抢答，欢乐的气氛中又增加了一丝紧张的气氛。在一片片欢歌笑语中，整个村庄的气氛被点燃……

这是由乐陵科技小院举办的“送感恩·迎丰收”晚会的现场。在乐陵市农业农村局的大力支持下，我们经过紧张的策划与排练，成功为南夏村村民献上了这场文化盛宴。

来到科技小院排练的村民

在我们这次行程开始之前，姜晓芹师姐通知我们科技小院将要举办一次晚会，要我们几名本科生策划几个节目。听到这个消息，我瞬间打了退堂鼓。因为我并非多才多艺，之前也没有过上台表演的经历，所以内心有些抵触。抵触归抵触，该完成的任务还是要完成。在学校里，我们几个商

早早进场的观众

量了一下，确定了我们的节目是一首歌曲、一首诗朗诵以及一段小品。

夜色下观看节目的观众

问答环节

三句半：乡村振兴，感恩有你

来到科技小院之后，白天，师兄师姐带着我们工作，到了晚上，我们便开始排练我们的节目。村民们对待排练都很投入，他们努力背下三句半的台词，一遍又一遍地练习秧歌舞的走位……看到这一幕时，我瞬间明白了举办晚会对村民的意义。科技小院通过举办这次晚会为村民提供了一个平台，村民们可以参与其中、乐在其中，这是丰富村民精神文化生活、助力乡村文化振兴的方式之一。早在几年前，科技小院就带领着村民们举办晚会、排练节目，甚至登上了央视的舞台。

由此，我也转变了之前的心态，大大方方地投入到排练当中。排练时间很紧张，对于我们来说，难度最大的还是小品，不仅需要背台词，还要配合表演，更重要的是各个演员之间要配合好。前期排练，因为忘词、记错出场顺序这些失误，没少出差错。后来，我们把小品按照故事情节分段，逐个击破。白天一有空闲就会对一下词，逐渐地，我们可以完整地把整个小品排练下来。排练的过程中，村民们还会不时地提出建议，比如村民建议我们在小品的结尾加入一些“乐陵”元素，这样会更接地气。于是我们把乐陵小枣融入台词，最终在表演时获得了很大反响。

歌曲：少年壮志不言愁

演出的日子如期来临，师兄师姐的主持、范思恩小朋友的情景剧、夏奶奶带来的三句半表演、崔奶奶的歌曲，当然还有我们的小品、诗朗诵，引起了台下的欢呼与掌声。晚会上有欢歌、有笑语，我们和村民一起度过了一个美好的夜晚。

小品：爱情转移

领导与部分演员合影

晚会结束后，给我印象最深刻的不是某一个节目，也不是我初次登台的感受，而是全民参与的热情以及村民对精神文化生活的追求。南夏村并不大，当村民得知我们要举办晚会时，便纷纷参与进来，有才艺便将才艺带到舞台展示，没有才艺的也会默默支持着我们。村民对待这件事无比积极的背后是他们对精神文化生活的追求。

相对城市丰富的文化设施和文化生活来说，乡村文化设施比较薄弱，文化活动相对匮乏。只有加强乡村文化的振兴，才能帮助农民树立发展信心、振奋精神，为乡村振兴注入强大的精神动力。

马胜锡

年龄：22岁

入学年份：2018年

所学专业：农业资源与环境

曾服务过的科技小院：乐陵市科技小院

鹤发童颜夏奶奶

来到乐陵科技小院这二十多天，给我留下最深刻印象的人便是夏奶奶。

大部分人对于老年人的印象，应该就是脸上饱含着慈爱与岁月的沧桑，步履蹒跚。但夏奶奶却可以说是鹤发童颜，虽已至耄耋之年却依然步履轻巧，虽体格瘦小但却充满活力，尤其是记性特别好。

起初在小麦耕作期间，我便和班里的三位同学一同来过科技小院。当时我们正在工作，而这时夏奶奶敲开了门，把头先是探进门中，一双眼睛仿佛对一切充满着好奇，一看见我们，直接咧开了嘴巴对我们笑道："哎呀，这是新来的同学们吗？！这可真是热闹了啊！"。我们看到这样一位活泼的奶奶，也是赶忙把她扶进屋里。一番交谈后，奶奶了解我们的身份以及将来的工作后，一边用手鼓着掌一边笑嘻嘻地说道："好啊，好啊，现在村里边就缺你们这种人才了，你们看自从科技小院来了以后，俺们也懂得一些不知道的东西了，村子里的人也都可喜欢这些大学生了！"

夏奶奶的热情欢迎让我们感受到村里温暖，也进一步让我们体会到基层农技的推广进程中，专家、学生与村民间的相辅相成。我们今后若要顺利开展工作，首先要融入农村的氛围中，再让一批村民学会一些实用的技术手段，然后鼓舞带动一批村民进一步学习，再让越来越多的人参与进来，逐步地开展农技推广。

在南夏村，村民的参与度很高。当我们进行小麦穗数测量的工作时，就有多位村民主动参与进来，而夏奶奶也在其中。我们要对表中登记的村民田中小麦进行测定，这头一号工作便是找到麦田，因为设立试验点时做了相应标记，所以我们需要依照定位，在仪器上查找，但夏奶奶的出现让我们完全省去查找的功夫，她只要看到人名，便能第一时间找到对应的麦田。我们测完一块田，她便迈着轻快的小步跑到下一块田，给我们省下了很多寻找地块的时间。这样一来，既有村民参与了进来，又能加快效率，何乐而不为呢？

与夏奶奶一起数小麦株数

在夏奶奶身上，还有着“娱乐细胞”。科技小院主持开办了一场晚会，夏奶奶带着其他三位奶奶一起表演了《三句半》。这个节目带动了气氛，活跃了现场，每一小段话结束后都引来现场的阵阵喝彩。夏奶奶在其中负责说“半”，而这个半句也正是这个表演的精华所在，夏奶奶声情并茂，每每在说之前做出幽默的动作，配以春风满面的神情，完全感受不出这是一位已经近80岁的老人，“返老还童”般的表演，深深地感染着在场的每一个人。

回归本质，夏奶奶就是一位辛苦耕作的农民，对于农民而言，科技小院是新兴事物，致力于让当地的小麦、玉米稳产高产，探究其中的各类障碍因子，从而增加农民收入，为乡村振兴助力！而夏奶奶就是接受这样新兴事物的一位代表，乡村振兴战略中，每一位农民都是主角，战略的实施需要农民的支持与配合，需要专家学者的鼎力相助！

现在我们公费生即将走向生产一线，我们要努力发挥自身作用，尽快了解就业地农业发展情况，趁年轻在田间洒下汗水，趁青春为“三农”贡献力量。

一名准农业技术推广员的实践成长

2018年，山东省首次招收公费农科生，以助力乡村振兴，带动基层“三农”工作更快更好发展。这一年，我报考了农业资源与环境专业，成为一名新时代农科生。

其实，在刚刚知道自己被录取的那一刻，内心是迷茫的：什么是公费农科生？我今后会从事什么样的工作？我又怎样去成为一名农技推广人员？带着这些脑海中的疑惑，我来到青岛农业大学资源与环境学院农业资源与环境专业开启了四年的学业探索。经过前三年的学习，我已经掌握了一些基本的知识与做事本领，但这些仅仅只是成为合格推广人员的一小部分。农技推广工作是要到田间地头开展的工作，要想锻炼自己，就需要去农村进行实践学习。

2021年的暑期对我们班的同学而言是与众不同的，让我感触颇多。我们有幸在陈延玲老师和班主任宁刚老师的帮助下，分别到乐陵市科技小院、莱西科技小院进行了专业实践锻炼。

我与其他八名同学一起前往了乐陵科技小院，在这里，我们与农民来了一场实打实的交流。我们在炎热的天气下对玉米苗的株高、SPAD值等进行测定，在丁坞镇试验田中取土样、施肥料、挖掘土壤剖面、掺混肥料……在这段时间里我们充分领会了“面朝黄土背朝天”这句话的含义，体会到了“足蒸暑土气，背灼炎天光”的辛劳，也就只有亲身体会过不易，才会慢慢懂得去珍惜。农民正是用这份不易与汗水换来了他们的生活，他们值得所有人敬佩，而那些在一线工作的专家学者们也同样值得尊重，他们辛勤的研究工作是为了造福这六亿的农民群体，“路漫漫其修远兮，吾将上下而求索”，这是我要学习和追求的目标。

这期间，我们向研究生师兄师姐“取经”，不断学习先进的农业生产知识。通过一次次的培训、通俗易懂的PPT讲解，通过在工作时向师兄师姐的提疑，通过在试验过程中的切身体会，我们真切感受到在科技小院实践带给我们的益处。我们认真听取了农业局、镇政府领导的经验及当前对农业方面人才的需求，让我们对当下形势有了一定了解，同时对自己将来从事的工作更加充满期待，也进一步坚定了我们投身乡村振兴的决心。我们认真与村民交流互动，在一次次的交流中提升自己的沟通能力，学习了解打药施肥情况及种植习惯，与农民交流从而了解各种生产问题。

这二十天经历的点点滴滴，带给我们的收获是溢于言表的，我们在乐陵科技小院学会的所有知识将会在我们接下来的学习工作中发挥不可或缺的作用。在半年后到来的就业地实习，我会正确运用所学的知识，发现乐陵、武城两地异同点，积极配合农业农村局工作，为“三农”发展贡献自己的力量。

毛翔荣

年龄：23岁

入学年份：2018年

所学专业：农业资源与环境

曾服务过的科技小院：乐陵市科技小院

毛翔荣

实验求实，夯实自我

今天我们进行了土壤无机氮的浸提实验，这是测量土壤无机氮的前期阶段，土壤中无机氮是土壤中未与碳结合的含氮物质，是衡量土壤供氮能力的主要指标。

师姐向我们讲解各种注意事项和操作明细，土壤中无机氮即土壤中未与碳结合的含氮化合物包括铵态氮、亚硝态氮、硝态氮、氨态氮、氮气及气态氮氧化物，一般多指铵态氯和硝态氮。大多数情况下，土壤中无机态氮数量很少、表土中一般只占全氮量的1%～2%，最多也不超过5%。

我负责土壤称重、装瓶、晾土及过滤，每份新鲜土样需要取12.00克～12.05克土样。我将盛放土样的塑料瓶用记号笔按照土样袋上的标号逐一标记，放到电子天平上进行清零，用药匙一点点地将土样移入标记好的塑料瓶中。这是个细致的操作，稍微一不注意就会超过所需质量，并且由于新鲜土壤含水量高、黏性大，这些都给称土工作又增加了难度。就这样简单操作几十个土样，我们竟然花费了几乎一上午的时间。在做好标记装有土样的塑料瓶中加入0.01mol/L $CaCl_2$溶液，扣上盖子，将这些瓶子放入振荡机中振荡60分钟，确保土样里面的无机氮浸提充分。

振荡后需要用滤纸进行过滤，我将干净的做好标记的透明离心管放在试管架上，放上叠好的滤纸小心翼翼地将浸提液倒入滤纸中，等待滤液一点一点渗出来。刚开始因为经验不足导致过滤效果不太好，滤液显黄，说明其中有土样，只能重新换一个新的离心管做上标记重新过滤。还要注意滤液不能过多，因为土壤中无机氮是微生物活动的产物，它易被植物吸收，而且也易挥发和流失，所以其含量变化很大，因此要进行冷冻保存，如果滤液过多冷冻时会膨胀溢出影响离心管的保存。

取样后的土壤要进行风干，之后方便进行其他实验，我们把擦好的塑

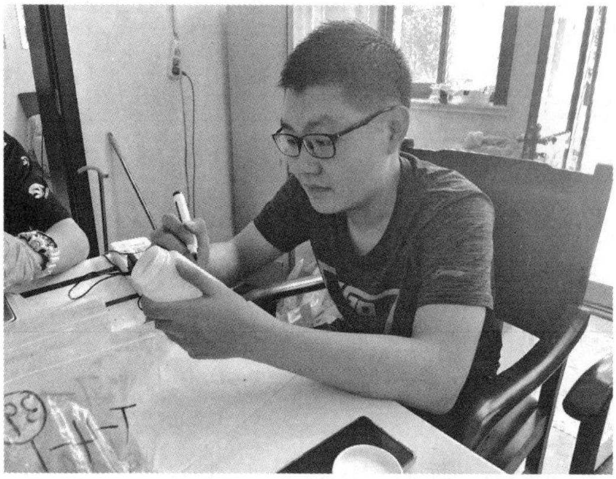

给塑料瓶做标记

样品过滤

风干土样

料盘放在院子里，把用袋装的土样均匀地倒进盘中，再把袋垫在盘下以方便标记。土样不能在阳光下晒干，而要在阴凉处晾干，主要是对土壤微生物影响很大，另外，会使部分养分分解。风干土壤样品时暴晒会导致土壤中的吸湿水和膜状水蒸发散失，这对测定含水量有很大的影响。烘干土和风干土是有区别的，风干土即在阴凉处自然风干条件下的土壤，而在阳光下晒干，其含水量会随着环境变化而改变，会出现回潮现象。因此还要再用泡沫板盖住，防止被阳光直射，制造出一个阴凉的环境，进行自然风干。

在科技小院，收获了很多专业知识和实践经验，学到了很多书本上没有学到的知识，农业生产还是要注重实践，从实践中来到实践中去，才能积累丰富的实践经验，更好地发展农业。

当前，我们必须有更多的见识、更多的实践，才能让自己在农技方面的工作不是纸上谈兵，更具有实践意义。今后我会更多地进入田地，与村民沟通，学习先进理论，夯实自我。

田间实践积累学识

晴空万里艳阳高照的天气是挖掘土壤剖面的好天气，但却不是个外出劳动的好天气。

我们来到绿油油的玉米地，迎面扑来阵阵泥土的芳香。前几天的阴云消失得无影无踪，阳光没有了阴云的遮挡，就这样直射到了因刚下过几场大雨而格外潮湿的土地上。雨水被烈日蒸发，天气闷热得要命，晒得所有的树木都无精打采、懒洋洋地站在道旁。潮湿的空气凝住似的，整个田地就像一个大大的蒸锅。

这天要进行土壤剖面的挖掘，它是用于研究当地土壤类型的全面性状特征而开挖的垂直断面，背阴一侧挖掘成台阶形状，方便我们下到底部对剖面进行观察。我们选择一处适合挖掘的地点，先在地上画出剖面的大体宽度和长度，拿上从科技小院带来的铁锹，一点一点地向下挖掘。我们六个男生轮流挥舞铁锹，一点一点地向下挖掘，炎热潮湿的天气让我们这些不常锻炼的大学生吃尽了苦头。刚下过雨的土壤黏性大、水分高，一锹下去铲起来的土也变得格外沉重，挖掘起来更加费劲，埋头挖掘片刻就挥汗如雨，感觉呼吸困难。

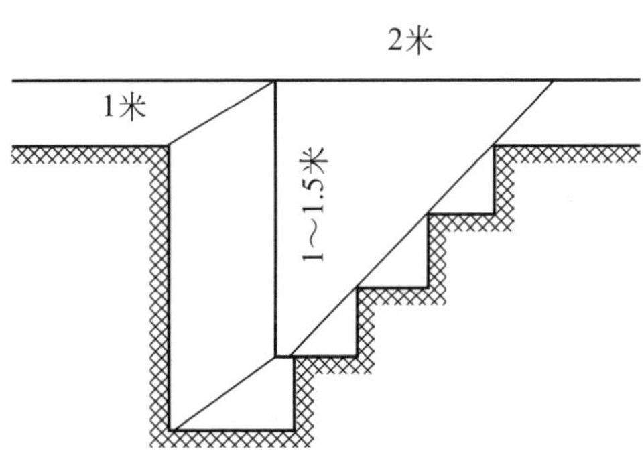

土壤剖面示意图

我们按照课本要求将向阳的一面作为观察剖面垂直向下挖掘，让太阳能直射到剖面，便于我们观察土壤分层情

挖剖面

我们挖掘的完整土壤剖面

况。我们统一将挖掘出来的表层半米的土堆放在剖面左侧，半米以下的堆放到剖面右侧，以便在观察剖面后进行分层回填。经过几个小时的艰苦挖掘剖面终于有了一个大概轮廓，因连日的降雨剖面挖掘到1.2米左右时就有地下水渗出，我们随即停止了剖面的挖掘。

剩下的任务就是要对剖面进行修理修缮，便于之后的观察。由于没有专门的挖掘刀，我们只能用菜刀代替，坐在潮湿的台阶上，一点点地将铁锹挖掘不到的地方清理出来，并将剖面清理干净。剖面修缮过后，完整的土壤剖面出现在眼前，在太阳光的照射下，土壤分层明显，我们对剖面进行了细致的观察，根据所学知识按要求填写了土壤剖面观察记录表。

到此我们今天圆满完成了挖掘土壤剖面的任务，将剖面两侧的土按深浅进行逐层回填，最大程度上还原原有的土壤层次。回到了科技小院，结束了一天的忙碌，我们几个就和虚脱了似的，衣服都能拧出水来。尽管今天挥汗如雨，但经过艰辛的付出，终于成功完成了土壤剖面的挖掘，我们付出的是体力上的汗水，收获的是知识上的升华。

王竹雨

年龄：22岁

入学年份：2018年

所学专业：农业资源与环境

曾服务过的科技小院：乐陵市科技小院

王竹雨

矢志“三农”，扎根基层

在乐陵市科技小院这二十多天的实习中，我们真的成长了许多，从一个个不谙农桑的大学生蜕变成了一个个捍卫庄稼的战士，在与农户们一起下地的过程中也学到了许多书本上没有的经验知识，也发生了许多有意思的小故事。

在丁坞镇农业局的试验田中，师姐怕我们人手不够便又从隔壁村找了十几个大爷大娘来帮助我们一起施肥。到了目的地，一眼望去，地里的玉米苗已经被连日的大雨摧残得十分憔悴，叶缘已经开始发黄，若不及时补施肥料很可能导致玉米减产，甚至是死亡。一看到这种情况，我们的内心就十分着急，便立刻投入到施肥工作中去，为了提高肥料利用率，我们采取条施方案。条施是一种施肥方式，在作物行间靠近作物根处开一条沟，把肥料施入沟里。条施又称为沟施，适宜于点播、条播及需定植的作物，在作物种子行或作物幼苗行旁边，再开一条肥料沟，均匀施入肥料，肥料

挖条施沟

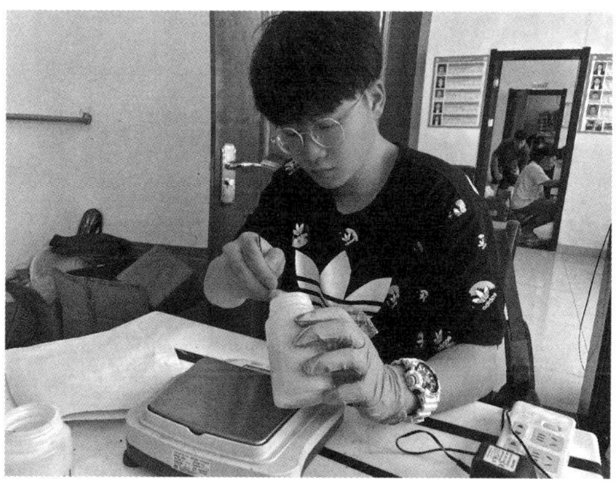

取样称重

用量少，作物间距较大，作物根系发育较差的可以采用此种施肥方式，一些容易被土壤固定的肥料，如磷肥也可以采用此种施肥方式进行。这种施肥方法的优点是肥料近根，容易被吸收利用，因而肥料利用率较高；肥料与土壤接触面小，营养元素被固定的程度低，有效时间比撒施长。了解了条施的方案后，我们便和农户们两两一组对被淹的庄稼进行施肥。施肥地点大致分为三个板块，先是由农户们挖掘一条施肥沟，然后再由我们施肥，配合十分默契。大家虽然十分疲惫，但是却收获满满，也体验到了农民的不易。

叶面积与观测作物生长发育和产量有着很大的关系，叶片是作物光合作用的主要器官，叶面积大小直接决定光合作用的面积。叶面积指数大小是衡量群体结构的重要指标、也是决定蒸腾量的重要因素之一。我们将收取的玉米苗样品进行测量，去根后，将完全展开叶和新叶单独测量，记录它们的长和宽，用于计算绿叶面积，随后将玉米苗的茎切块装入信封袋密封。忙碌了一会，师姐带领我去查看地里的淹水情况，由于昨日的大雨，河水水位大幅度上涨，足足比昨天上涨了半米，就连道路两旁的土堆也被大雨冲垮了，再看看我们的试验田已经完全浸泡在水中，话不多说我们便开始挖排水沟，看到

疏通排水渠

集体合照

田里的水哗哗地从田里流入池塘，我们的心情也轻松了很多。中午小憩了一会，我们便又跟着师姐去了试验田南边进行排涝，我们去的时候已经有许多农户在进行排水工作，我们立刻加入其中。尽管浑身是泥，汗水与雨水混杂在一起，但我们依然乐在其中。

徐云耀

年龄：21岁

入学年份：2018年

所学专业：农业资源与环境

曾服务过的科技小院：乐陵市科技小院

三度晴雨天

三度晴天

现在的济南站是晴天，没有了紧张激动，没有了陌生孤独，更没有了那些个晴雨天。

一度雨天

刚到济南站，天便有了几分奇异，虽是阴雨傍晚，但往远处看去，漆黑空中泛着红光，不时闪着一道道霹雳，闷雷轰隆隆地压得人喘不过气来。米粒大的雨点在车窗上绘出一条条水痕，如我的思绪一样复杂。此一行是去乐陵市南夏村科技小院，虽不是第一次远出家门，但始终有股若隐若现的忐忑。

一度晴天

乐陵市没有火车站，当晚我寄居在班长马兄的家里（据他讲我是第一批住户，也是备感荣幸了）。次日一早儿，满身困意的我就被马兄叫起来去吃当地有名的小吃“禹城豆腐脑”。似乎是每个人家里都有卖的，但是这里的与其他地方大为不同。家里都是小贩骑着三轮车，别着一个大喇叭，到村上叫卖。一般有两个桶，一桶装豆腐脑，一桶装鸡汤，花上一块钱，舀上半碗豆腐脑，再浇上一勺鸡汤，直到汤溢出来，喝上一口，肉香四溢，充满了乡土气息。这里豆腐脑的制作方法没有那么简单，他们会先问您个人口味儿，然后给您加上各种调料，配上一荤一素两个烧饼，一勺豆腐脑入口，滑嫩无比，一不小心喝急了就烫得心口直疼，咬上一口烧饼，咯吱一声，感觉嘴都酥了，比之家里的豆腐脑，更有几分市井之气。

二度雨天

到了科技小院没几天便迎来了雨季，接连两天的大暴雨直接冲垮了路，

田间排水

开展培训会

告别南夏

玉米地里也淹了大量的水，如不及时排涝，将对玉米生长造成巨大危害。于是，科技小院的姜师姐、马兄和我身着短袖宝甲一袭，下跨短裤一件，脚踏玲珑拖鞋一双，手执如意木杆铲一把，在试验田与水渠之间的土路上，翻江倒海，掘出了一道通渠沟来。雨中劳作虽有艰难，但是让人别有一股畅快之感。

二度晴天

这是一场农技知识培训会，由科技小院的师兄师姐们向村民们讲解田间种植知识。每次开会的时间都是在傍晚，饭后，村里的老人们便握着蒲扇，说说笑笑，结伴而来。待人齐之后，师兄便开始讲课，村民们总能立马盯紧屏幕，安静地听，一有疑惑时，他们便迫不及待地向师兄请教。他们大都是年过花甲的老人，年轻人基本没有，这些老人们见证了中国的复兴，懂得知识的可贵、科技的强大，所以他们更想学习。身为青年的我们，更当砥砺前行，带动身边的人去学习。

三度雨天

月底，受台风影响，接到乐陵市政府及时的灾害预警通知，我们立即购买了生活物资，迎接台风天气的到来。没有了那么多工作，科技小院里的生活过得很轻松，没事就聊聊天，看奥运会直播，为运动员们喝彩，我更喜欢的是在雨中看书。雨滴落下的声音总是能让人安逸下来，书籍本就是深邃的，看着看着就忘记了时间，忘记了苦恼，淡化了一切，着实让人沉醉。

沉醉得让人忘记就要离开了。

小姜师姐

姜晓芹师姐简称小姜师姐是我大学里讲授作物施肥原理与技术的陈延玲老师的研究生。第一次见她是在2021年的夏天，在陈老师和班主任宁刚老师的组织和帮助下，我参加了前往德州乐陵科技小院的专业实践学习。在母亲的叮嘱声中，我拖着一堆行李坐上了去往德州的火车。在德州已经有人在等着我了，是家在德州禹城的班长马兄。

一圈涂满农技知识漫画的白底粉刷墙围着一个普普通通的三角顶砖屋，一扇黑色的老式木门，门上有些棕色斑迹露出，像是岁月的沉淀，像是使命的传承，这些便是科技小院外的全部了。进去后，院子边上种了很多果树，青青的果子挂在上面在说着它们的青涩，院中间摆满了宣传画，有介绍科技小院的，也有村民们娱乐的，院内的气息与院外完全不同，似乎又是理所当然。

我性子是慢热的，熟门熟路的马兄带我进了屋里就看到了一个瘦弱的背影在那里翻找东西。听到有人进来，她转过身，顿时一个清秀、白皙的脸印在我眼中。马兄这时用他得天独厚的大嗓门喊了一声“师姐”，我才知道这就是师姐，她问候了一下我叫什么，从哪里来。然后两人就没有了过多的交流，姜师姐应该是一个不爱说话的人。

让我对小姜师姐认识发生改变是在一个暴雨天，夏季的雨一来就是脾气大，越盼它走，它就越下得大，处处跟你作对。雨水的倾灌让村里的玉米地很快就禁受不住，纷纷呛了水，预测到情况恶化，姜师姐立即带着我和马兄去试验田里排涝。天阴沉沉的，密集的雨点扑打在脸上，压得抬不起头来，耳边除了雨声再没有了其他声音。雨吸在衣服上，沉甸甸的，本来就泥泞的路走起来更费力气。

通渠排水

排水归来的三人

田里没有排水措施，必须立刻合力挖出一条排水沟来。我虽是长得瘦弱，农村的孩子还是有一把子力气的，马兄生来一副好体格，但是我们俩干起来也是有一些吃力的，对着土路猛铲了一会儿，我们就已经气喘吁吁了，歇一会儿，干一会儿。但是姜师姐一直在那里弓着身子不停地挥着锄头，还不时喊一声“嘿！”来给自己打气，雨早就把她淋透了，头发成了一绺一绺的，雨水顺着发梢流下来，成了一条条水线，她毫不在意。马兄与我看到这一幕，便低下了头，默默地干了起来。

姜师姐与南夏村的老人们

关系很好，老人们经常来科技小院里聊家常、帮忙、送一些好吃的，每当科技小院在村里开展培训会时，她们都是最积极的那些人。她们是渴望知识的，她们是在感激姜师姐一个人在科技小院里为村民们排忧解难。

村民在咨询农业问题

家乡远在胶东半岛的师姐独自一人来到德州，不光面临的是居住环境的改变，还有语言、风俗、饮食等很多方面的改变。一个女孩子能克服这些，一个人生活在村里，从家里衣食无忧的孩子到能够独立生活，这需要很大的毅力。她似乎在坚守些什么，或许是南夏村老人们的寄托，或许是为了这一方天地的绿野……

附录

莱西胡萝卜科技小院简介

2019年3月，在莱西市农业农村局邀请下，在中国农业大学国家农业绿色发展研究院院长、中国工程院张福锁院士的推动下，青岛农业大学资源与环境学院院长崔德杰、副院长辛言君及科技小院负责人陈延玲等到莱西考察，三方决定共建莱西胡萝卜科技小院。2019年8月，青岛农业大学资源与环境学院派驻教师和研究生进驻莱西市店埠镇双河村，与青岛市农业技术推广中心、莱西市农业农村局和店埠镇政府技术人员一起以实现莱西胡萝卜大面积高产高效为目标，开展限制胡萝卜生产关键因子调研，科学研究和示范推广，致力于促进本地区胡萝卜产量与品质提升，推动胡萝卜产业转型升级，实现胡萝卜产业的绿色发展。现已累计入驻11名硕士研究生，并于2020年9月获批“山东省产教融合研究生联合培养示范基地”，2021年10月19日在山东省莱西市店埠镇国家产业园举行了隆重的科技小院和山东省产教融合研究生联合培养示范基地揭牌仪式。

一、开展的主要工作

（一）依托莱西科技小院，莱西作为山东唯一县域开展了农业绿色发展调研

2019年7月15日至23日，由青岛农业大学、中国农业大学与山东省莱西市农业农村局联合进行了为期七天的莱西农业绿色发展调研。这次调研由山东省科技特派员陈延玲、魏文良、刘国成、宁刚、辛言君老师带队，带领来自中国农业大学、青岛农业大学的16名研究生及本科生赴山东省莱西市，顺利完成对莱西市农业绿色发展现状、历史变化特征的综合分析，并对莱西全市域小麦玉米种植作物、花生种植作物、胡萝卜蔬菜作物、苹

果果树作物、肉鸡奶牛养殖业的五大板块开展了现场调研。

此次调研的目的主要是明确当前中国典型市种植业关键生产过程中资源投入的成本收益和环境代价，评估种植业绿色生产现状及潜力，为全国农业绿色发展规划提供本底值，同时明确不同作物种植体系农户粪肥施用的主要驱动因素和关键限制因子，分析未来农户粪肥施用兴趣以及对不同粪肥的支付意愿，为推动不同种植体系粪肥合理施用提供理论指导和政策建议。

本次调研共涉及了莱西市9个乡镇，其中包括院上镇、店埠镇、沽河镇、马连庄镇、南墅镇各2个村，日庄镇、夏格庄镇各4个村，姜山镇5个村，河头店镇6个村。分组调研小麦-玉米种植户60户、胡萝卜种植户57户、苹果种植户60户、奶牛养殖户20户、肉鸡养殖户20户以及有机肥厂2家，参与的政府部门包括莱西市农业农村局和各乡镇动物监测站，总共产出有效问卷296份。

（二）胡萝卜大面积高产高效限制因素调研与技术引进、集成及示范

1.开展了胡萝卜限制因素调研与技术服务

在莱西市农业绿色发展调研的基础上，莱西科技小院聚焦胡萝卜大面积高产高效的限制因素。山东省莱西市胡萝卜种植面积达6.5万亩，其中店埠镇胡萝卜驰名中外，并形成了著名区域公用品牌“青岛店埠胡萝卜”。不同农户间因种植和管理水平不同，产量差异较大。在农户田块尺度上，区域内高产高效的限制因子缺乏较为系统的研究。莱西胡萝卜科技小院以莱西市胡萝卜种植重点区域店埠镇双河村、狼埠村、徐林庄、前屯村、后屯村、沽河街道与夏格庄镇、姜山镇为主要调研区域，就种植面积、胡萝卜品种、播种和收获时期、收获产量、养分投入量、灌溉水量、温室构造材料、整地和翻地消耗的柴油量等与农户进行了深入交流，了解胡萝卜产量差距，明确产量限制因子，通过引进高产高效技术，进行科学研究和示范，

以缩小农户产量差距，促进店埠胡萝卜的提质增效和转型升级；并取土化验，基于土壤地力水平、酸化和盐渍化程度，建立胡萝卜科学技术体系。

2.建立有机替代地力提升与滴灌水肥一体化高效统筹管理关键技术示范方

莱西科技小院在广泛调研的基础上，从“土-水-肥”三方面优化了有机替代地力提升与滴灌水肥一体化高效统筹管理关键技术示范方。主要以农民传统习惯为对照，进行了三方面优化。一是进行闷棚处理，高温杀菌，抑制根结线虫，从而减轻胡萝卜的连作障碍，然后通过施用微生物菌肥及花生壳和菌渣，提升土壤有机质含量，重塑健康土壤。二是精准控水，胡萝卜生育期需要大量水分，农民习惯灌水量大，远超过胡萝卜科学用水量，土壤中的养分，尤其是氮素极易随水分流失，通过精准控水，一方面减少用水量，节省资本，另一方面降低肥料损失。三是在数量和时间上精准匹配胡萝卜养分投入与需求。农民习惯施肥通常将90%的肥料在基肥时施入，后期追肥较少，几乎不追施，中微量元素难以匹配胡萝卜生育期的养分需求，养分优化管理则是按照胡萝卜的养分吸收及土壤养分供应规律，从时间和数量上进行精准控肥和追肥，做到科学合理，高产高效。

（三）开展“四零”服务和科技培训，助力农民增产增收

1.线下晚间课堂技术培训

利用农户晚间空闲时间，开展线下技术培训。科普信息宣传覆盖科技小院周边村。培训会分别从如何辨别真假化肥、胡萝卜生育期需肥规律、胡萝卜根结线虫病、胡萝卜尾菜堆肥化处理、胡萝卜高产高效施肥管理技术和花生病虫害防治、植物缺素症及补救措施等方面进行了多期培训。

2.线上直播平台技术培训

利用农业农村部和青岛市农业技术推广中心直播平台，科技小院团队科技特派员直播开展胡萝卜高产高效技术培训，惠及全国5万余人次。

3.线上科普短视频

莱西胡萝卜科技小院立足店埠镇农业产业实际，充分发挥“互联网+”作用，通过微信公众号、学习强国、微信群及晚间课堂等载体，组织农户开展网上在线学习和夜间线下学习。目前，已经完成“胡萝卜生育期需肥特点”、“胡萝卜尾菜变废为宝”及“不同胡萝卜品种的相关比较”等10个科普短视频。

（四）发挥科技小院优势，为乡村振兴贡献力量

莱西胡萝卜科技小院与店埠镇联合开展“田间党校”，通过开展“菜单式”培训，分类分需为党员搭建了“现场听、主动学”的农技教学新平台。将理论教学和“田间培训+生产指导”相结合，鼓励党员干部带头进行农技钻研，引导农民掌握实用技术，带领群众开拓创新，帮助群众增收，成为乡村振兴发展的带头人、引路人。

乡村人才振兴方面：建立集成技术科技示范展示田，通过田间党校，以党建统领+农技培训助力乡村振兴，充分发挥党员先锋模范作用，以夯实农业产业为基础，以技术服务为手段，为乡村振兴工作落到实处打下稳固的基础。跟农户一起讨论研究，并且到农户的农田进行土壤取样化验，将数据反馈给他们，再次进行科学施肥的干预，且带领农户到示范田去，将科技小院的农田技术模式进行详细讲解，并现场与农户开展技术交流互动。

科技小院团队师生与青岛前后屯胡萝卜专业合作社技术人员、莱西市兄弟家庭农场的负责人和技术负责人，在农村和农业生产一线，针对生产问题，在农民地里与农民一起开展高水平科学研究，找到规律，创新技术，形成绿色增产模式，再进行大面积生产验证，推动农业转型。

乡村生态振兴方面：“田间党校”着力推广生态循环农业，聚焦“尾菜不出地，菜叶不弃田，肥料不荒废”，推动传统农业与现代农业深度融合，形成“畜禽养殖-农业种植-有机肥加工-土地培养”循环闭合链条，进行农村环境治理，推动乡村生态振兴。莱西胡萝卜科技小院将农户准备丢弃

的蔬菜废弃物（胡萝卜尾菜）进行收集，联系当地农户获取玉米秸秆及其他辅料，实现蔬菜废弃物堆肥化处理。通过不同辅料添加比例的堆肥试验，通过各项指标的测定与分析选择最佳堆肥物料配比，以实现蔬菜废物资源化利用、优化堆肥处理方案为原则，为农户提供最佳物料配比方案。

二、服务效果及影响力

调研店埠镇双河村、狼埠村、徐林庄、前屯村、后屯村胡萝卜种植户近300户，开展田间党校、党员夜间课堂、晚间课堂农业技术培训会20期，受益人群达到1200余人次。通过线上直播开展技术培训，惠及5万余人次。开展示范试验田试验，发布科普视频10期，浏览量达到1500余次。示范方在稳产提质的基础上，实现减肥15%～60%，灌水量降低20%。

莱西胡萝卜科技小院，以技术服务为手段，通过线上线下传播先进农业技术和理念，解答了农民对农业技术应用的困惑，又满足了农民对农业知识的渴望，成为支农惠农和乡村振兴的一支重要技术力量。

科技小院工作受到当地政府的高度赞扬，受到当地农业农村局、科学技术协会的大力支持，受到当地村委会以及村民的大力支持。在社会关注方面，科技小院工作受到人民日报、新京报、山东“三农”新闻联播、青岛日报等多家主流媒体的专题报道。

莱西玉米科技小院简介

2020年5月，青岛农业大学资源与环境学院陈延玲副教授到莱西市兄弟家庭农场考察，决定在此建立以小麦、玉米、花生为主要研究作物的科技小院。青岛农业大学资源与环境学院和莱西市兄弟家庭农场共同合作促成了科技小院的建成，同时科技小院也得到青岛市农技推广中心、莱西市农业农村局、莱西市科学技术协会、山东省农业科学院花生研究所、姜山镇人民政府等部门的大力支持以及相关部门领导和专家的工作指导。2020年6月，莱西玉米科技小院落地于莱西市姜山镇于旺庄村，以实现玉米大面积高产高效为目标，开展限制玉米生产关键技术因子的调研、科学研究、技术培训与示范推广，致力于促进本地区玉米产量和品质提升，推动玉米产业发展。现已累计入驻4名研究生，6名本科生。

一、技术团队单位及人员

青岛农业大学：崔德杰、辛言君、陈延玲、朱丽萍、朱少叶

青岛市农技推广中心：李松坚、纪国才

莱西市农业农村局：丁永青

莱西市科学技术协会：曲忠东

山东省农业科学院花生研究所：吴正锋、丁红

姜山镇人民政府：孙胜超、崔俊讲

二、目前已开展工作

1. 当地农业发展现状调研

科技小院建立初，对于旺庄村进行了农业发展现状调研，通过调研发

现本村通过土地流转，全村大部分土地都已归家庭农场管理，剩余几家较小的种植户也通过土地流转管理着几十亩田地；依据这种农业现状，科技小院进行了适合本村的科技小院助农模式。

2.乡村产业振兴方面

实施科技小院助力家庭农场发展模式，科技小院依托家庭农场开展试验布置、技术推广。家庭农场提供学生吃、住、行，田间灌溉、打药、机械；科技小院帮助家庭农场升级，申报项目。先后帮助农场申请了无公害认证及省级家庭农场，申报了农业局各类项目数项，得到了农业局肥料等物资补助，帮助农场进行农资产品的整理和平台管理，规范化农事记录。

科技小院建立培训体系，通过专家教授及长期驻扎的研究生对村民进行农技培训，使村民农业技术专业化后服务于农场，提高农场专业化的同时，为村民提供了就业岗位。农场通过土地流转，使得全村农产品生产统一化，进行加工后统一销售，带动村庄经济，推动粮油作物绿色发展。

3.乡村人才振兴方面

科技小院建立后，先后接待了莱西市农业局组织种粮大户的田间观摩以及青岛农业大学本科生的实习田间观摩，指导老师与驻扎学生参观农场现代化设施以及技术推广现状。2021年5月，青岛农业大学资源与环境学院2018级全体本科生来此进行参观，农场负责人为本科生讲解了农场的土豆地膜种植、果园防鸟网和水肥一体化设施以及小麦玉米全程机械化所用机械；2020年至今，有6名青岛农大本科生来此实习，科技小院为本科生提供实践场所，带领本科生进行田间试验的学习和实践。科技小院对家庭农场的下一代也产生了深远影响，其中于泉以优异成绩考取青岛农业大学硕士研究生，进驻科技小院开展工作，于水专升本考入理想大学。

4.乡村文化振兴方面

科技小院在玉米生长的重要时期进行村民培训，先后进行了夏玉米高产高效培训会、玉米化控培训会、玉米拔节孕穗期培训会、玉米病虫害培训会、玉米种植密度培训会、大豆玉米带状复合技术培训会。先后培训村民近100人次，其中多项技术得到了推广和应用，农场也在培训后，购置了北斗导航系统、安装了水肥一体化系统。为实现“零距离、零门槛、零费用、零时差”给农户提供服务和帮助，科技小院建立了与村民的互动微信群，方便及时解决村民提出的农业及生活问题。

5.乡村生态振兴方面

科技小院与于旺庄村委会合作，制定于旺庄村村规民约，提出治安及生态管理条约，致力于构建“全环节”绿色高质量标准化生产技术、“全过程”社会化服务体系、“全链条”产业融合模式，加快实现粮食生产良种化、标准化、绿色化、机械化和服务全程社会化“五化”目标，以农业绿色发展助推产业升级，引领乡村振兴。

乐陵市科技小院（乐陵小麦-玉米科技小院、乐陵金丝小枣科技小院）简介

2014年4月，在乐陵市政府邀请下，中国农业大学国家农业绿色发展研究院院长、中国工程院张福锁院士、李晓林教授等来乐陵考察，双方决定共建乐陵市科技小院。2014年5月，中国农业大学国家农业绿色发展研究院派驻教师和研究生进驻乐陵市郭家街道南夏村，与乐陵市农业农村局技术人员一起以乐陵市冬小麦/夏玉米高产高效和金丝小枣优质高产为目标，通过科学研究建立技术体系，为乐陵市现代农业发展提供技术支撑。2019年8月，青岛农业大学资源与环境学院陈延玲副教授负责管理乐陵市科技小院，由中国农业大学、青岛农业大学和乐陵市政府三方合作共同开展乐陵市科技小院的各项工作，现已累计入驻2名博士研究生和11名硕士研究生。

（一）摸清乐陵市冬小麦/夏玉米及金丝小枣生产制约因素，建立冬小麦/夏玉米高产高效，金丝小枣优质高效生产技术体系

在冬小麦/夏玉米生产调研方面，乐陵市科技小院在农业局的支持下，走访调研累计4500余人次，明确了乐陵市冬小麦/夏玉米生产存在群体构建不合理、品种选择不当、施肥过量以及施肥结构不合理等问题。在金丝小枣调研方面，通过专家访谈、多样本入户调研和多点田块跟踪，初步摸清了乐陵市金丝小枣优质高效生产中存在的主要问题为金丝小枣裂果率高，进而导致小枣品质低，影响了销售价格。

针对以上问题，科技小院开展了一系列的科技攻关，先后布置有机肥替代部分化肥试验、配方肥、新型肥料验证试验等72项，先后引进及创新冬小麦/夏玉米高产高效技术十余项。冬小麦高产高效技术体系实现了增产13.8%，增效35.6%，增收20.2%，减少氮盈余88.3%；夏玉米高产高效

技术体系实现了增产18.4%，增效31.1%，增收20.6%，减少氮盈余75.3%，为乐陵市农业的可持续发展提供了强有力的科技支撑。

为解决果农生产中出现的一系列问题，自2015年起，科技小院开展了以增产量和防裂果为核心的综合技术研究和技术推广工作，引进金丝小枣秋施基肥技术、套袋技术、树干注射施肥技术，开发出了防裂果的叶面肥和满足枣树不同生理阶段养分需求供应的“棒肥”及“输液肥”等防裂专利产品，极大地提高了枣树的产值和枣农的积极性，有效降低了裂果率40%～50%。

（二）开展“四零”服务和科技培训，助力农民增产增收

为了将创新的技术推向生产，发挥效益，解决农业技术传播“最后一公里”的难题，乐陵科技小院围绕如何让农民了解技术、接受技术、应用技术，利用长期驻村优势，创新了“户-村-乡-县”四级推广模式，构建了多元化的农技服务体系，“零距离、零门槛、零费用、零时差”地给农户提供服务和帮助。

乐陵市科技小院在乐陵市农业局和郭家街道的支持下，开展冬小麦/夏玉米和枣树的水肥、植保、栽培等技术知识培训会，直接受惠农户约10000人次，技术指导辐射面积约20万亩。其次，创新农业技术服务模式，乐陵市科技小院通过田间学校、农民夜校等其他新型农业技术流动课堂全面提升了乐陵市农民的科学种田水平和科技意识，提升农业生产的科技水平。开展田间观摩活动，全面覆盖郭家街道南夏村和朱集镇王清宇村，并辐射到郭家街道大牛韩村、宋龙海村、孔镇杨盘、王木腿社区、郑店樊屯、西段安子杨等10个村庄。录制农业技术短视频10余次，累计播放量达1.5万人次。先后被新华社、农民日报、齐鲁晚报等媒体报道共40余次。

（三）发挥优势，为乡村振兴贡献力量

乡村振兴战略作为新时代“三农”工作总抓手的战略部署，积极推进

乡村振兴战略的实施和落地也是科技小院的重点工作任务。乐陵市科技小院申请建立了“乡村振兴青年服务站”，在推动乡村产业振兴、乡村人才振兴、乡村文化振兴、乡村生态振兴中也贡献着科技小院的力量。

乡村产业振兴方面：乡村产业振兴是实现乡村振兴战略的核心任务，乐陵市科技小院以金丝小枣为主要研究作物，从产前、产中、产后三个阶段推动乐陵市金丝小枣产业的发展与升级。产前阶段，科技小院调研发现枣农在管理中存在一系列的生产问题，通过引进新型农资帮助果农解决了施肥结构不合理、肥料种类单一等问题；产中阶段，针对产量低、裂果率高的问题，有针对性地引进并创新多项小枣种植技术并开展实时培训，显著提高了金丝小枣的产量，同时降低了裂果率；产后阶段，开展以市场为导向，以经济效益为中心，以产业发展为杠杆的销售模式。为进一步提高乐陵市金丝小枣知名度，科技小院研究生针对乐陵市500年以上古树探索了“百年福枣”认购模式，利用多平台销售金丝小枣，金丝小枣产品被销往全国19个省市地区，单株枣树效益提高700%。同时，该案例被多家媒体报道，极大地提高了乐陵市金丝小枣知名度，推动了金丝小枣产业的发展和升级。

针对粮食产业，科技小院与乐陵农业农村局，目前致力于构建“全环节”绿色高质量标准化生产技术、“全过程”社会化服务体系、“全链条”产业融合模式，加快实现粮食生产良种化、标准化、绿色化、机械化和服务全程社会化“五化”目标，走出一条具有乐陵特色的农业绿色发展道路，以农业绿色发展助推产业升级，引领乡村振兴。

乡村人才振兴方面：人才是乡村振兴之魂，乐陵市科技小院牢牢扎根基层一线的同时，也积极吸引了更多的人才共同帮助乐陵市加快实现乡村振兴。积极推进“中国农业大学资源与环境学院大学生社会实践基地”和“青岛农业大学资源与环境学院大学生社会实践基地”落地乐陵；引荐“河南理工大学测绘与国土信息工程学院研究生工作站”落地乐陵。建立“博士服务团”，先后推荐16位博士、博士后与当地企业、合作社签订技术服务协议，为筑牢乐陵市乡村人才振兴做出了重要贡献。

乡村文化振兴方面：为丰富农村百姓精神文化生活，提高农民思想道德建设，乐陵市科技小院在郭家街道南夏村、郑家社区等地举办“庆丰收，颂感恩”主题消夏晚会。为庆祝新中国成立70周年，科技小院组织举办“弘扬乡村文明，助力乡村振兴”农民晚会，传递惠农政策，丰富农民生活，活跃乡村文化。文化活动的开展受到当地老百姓的热烈欢迎，丰富了乡村生活。为了在村中形成良好的学风，科技小院的研究生还开展假期辅导班，丰富留村儿童的假期生活，提高留村儿童的学习积极性。乡村文化活动的举办极大地提高了村民幸福指数，为乡村文化振兴奠定了坚实的基础。

乡村生态振兴方面：为强化资源保护与节约利用，减少农业源污染，推进农业清洁生产，乐陵市科技小院针对农民种植管理中大水大肥，农药过量使用等不合理的管理方式，通过创新清洁生产技术，推广测土配方施肥、有机肥替代等技术以减少施肥过程中的农业源污染。南夏村农户采纳清洁生产技术使冬小麦/夏玉米生产过程中的氮盈余降低56.8%，温室气体排放量降低47.2%，农村突出的环境问题得以改善。此外，为提高村民的环保意识，科技小院定期开展科普宣传、清洁生产技术培训等活动，倡导各村实行垃圾分类，减少各类废水排放，提高水资源利用率。坚持绿色发展理念，让良好生态成为乡村振兴支撑点，实现农业绿色发展。

附表1 科技小院农业技术培训会

培训主题	培训时间	培训人数
枣树科学施肥	2014.6.6	42
枣树栽培管理技术	2014.6.6	58
枣树科学施肥	2014.6.7	42
种粮大户科技培训	2014.6.13	48
测土配方施肥培训	2014.8.12	57
小麦管理及测土配方施肥技术	2014.8.14	65
玉米栽培管理技术	2014.8.19	42
小麦管理与测土配方施肥	2014.8.19	67
小麦管理及测土配方施肥技术	2014.8.19	50
测土配方施肥技术	2014.8.20	62
小麦管理技术	2014.8.20	67
小麦管理技术	2014.8.21	87
小麦管理技术	2014.8.27	94
小麦管理技术	2014.9.5	67
测土配方施肥	2015.4.4	90
冬小麦春季水肥管理措施	2015.4.7	35
夏玉米高产高效栽培管理技术	2015.6.9	37
夏玉米高产高效栽培管理技术	2015.6.10	105
夏玉米高产高效栽培管理技术	2015.6.11	52
夏玉米高产高效栽培管理技术	2015.6.12	46
夏玉米高产高效栽培管理技术	2015.6.15	68

续表

培训主题	培训时间	培训人数
夏玉米高产高效栽培管理技术	2015.6.16	56
夏玉米高产高效栽培管理技术	2015.6.18	57
夏玉米高产高效栽培管理技术	2015.6.23	63
夏玉米高产高效栽培管理技术	2015.6.25	62
夏玉米高产高效栽培管理技术	2015.6.25	45
夏玉米高产高效栽培管理技术	2015.6.26	47
夏玉米高产高效栽培管理技术	2015.6.26	46
夏玉米高产高效栽培管理技术	2015.6.30	88
冬小麦和夏玉米高产高效栽培技术	2015.8.20	33
玉米晚收、测土施肥、小麦深松等技术	2015.8.26	60
测土配方、玉米晚收技术及小麦播种前和播种时要注意的问题	2015.9.1	37
测土配方施肥技术、冬小麦的高产高效栽培管理技术	2015.9.8	20
冬小麦病虫害防治	2016.4.17	20
冬小麦病虫害防治	2016.4.23	18
冬小麦高产高效栽培技术	2016.4.23	20
测土配方施肥技术	2016.5.6	30
夏玉米高产高效的技术培训	2016.5.23	20
夏玉米高产高效的技术培训	2016.5.28	230
夏玉米高产高效的技术培训	2016.6.23	30
夏玉米高产高效的技术培训	2016.6.25	45
测土配方施肥技术	2016.6.25	56

续表

培训主题	培训时间	培训人数
夏玉米高产高效栽培技术	2016.6.25	20
夏玉米病虫害和科学高效管理的技术培训	2016.6.30	20
测土配方施肥技术	2016.6.30	130
夏玉米病虫害防治技术	2016.7.25	100
夏玉米高产高效栽培技术	2016.9.2	30
夏玉米高产高效栽培技术	2016.9.2	170
冬小麦测土配方培训	2016.9.15	30
化肥零增长背景下的减氮增效技术	2016.10.19	230
冬小麦 - 夏玉米高产高效技术	2016.12.12	100
冬小麦 - 夏玉米高产高效技术	2016.12.12	80
用好配方肥，高产又增收	2017.3.7	92
小麦主要气象灾害及其应对	2017.3.7	92
夏玉米高产高效栽培技术	2017.3.8	73
小麦高产栽培技术	2017.3.8	73
夏玉米农户管理措施总结	2017.3.8	73
水肥一体化技术应用	2017.3.14	113
小麦后期管理关键技术	2017.5.5	50
现代农业发展现状与服务规模化	2017.5.19	80
情系乐陵 立地顶天 科技小院与新“三农”	2017.5.19	80
小麦玉米常见问题与解决方法	2017.7.4	30
玉米常见问题与解决方法	2017.7.5	30
小麦常见问题与解决方法	2017.7.5	30

续表

培训主题	培训时间	培训人数
小麦玉米常见问题与解决方法	2017.7.7	30
小麦玉米常见问题与解决方法	2017.7.8	20
用好配方肥，高产又增收	2017.7.8	20
农户调研方法	2017.7.13	42
冬小麦高产高效栽培技术	2017.11.27	120
小麦一喷三防和夏玉米高产种植	2018.4.18	180
科学施肥	2018.4.18	180
小麦一喷三防和夏玉米高产种植	2018.4.19	194
科学施肥	2018.4.19	194
夏玉米合理密植技术培训	2020.6.7	34
夏玉米化控技术培训	2020.7.11	38
夏玉米化控技术培训	2020.7.19	34
夏玉米化控培训会	2020.7.23	15
夏玉米高产高效培训会	2020.8.14	10
如何辨别真假肥料	2020.8.20	14
夏玉米晚收培训	2020.9.10	33
高产高效施肥管理技术	2020.10.28	68
中微量元素在作物生长发育中的作用	2020.10.29	7
莱西市农民专业生产粮油班观摩会	2020.10.29	30
花生种植及病害管理	2020.11.5	8
乐陵市水肥一体化技术培训会	2020.11.10	58
乐陵市种植大户生产技能培训	2020.11.14	66

续表

培训主题	培训时间	培训人数
胡萝卜高产高效施肥管理技术	2020.11.14	10
冬小麦春季追肥管理技术	2021.3.17	32
冬小麦 / 夏玉米科学施肥	2021.3.25	25
冬小麦高产高效关键技术	2021.3.25	25
夏玉米高产高效关键技术	2021.3.25	25
正式化肥科学施肥	2021.4.20	72
冬小麦高产高效关键技术	2021.4.20	72
夏玉米高产高效关键技术	2021.4.20	72
夏玉米增密技术	2021.6.7	36
夏玉米化控技术培训	2021.7.10	35
夏玉米拔节孕穗期培训会	2021.7.21	11
夏玉米高产高效的技术培训	2021.10.6	57
冬小麦高产高效的技术培训	2021.10.6	66
科技小院：扎根农村。零距离服务农民、创新技术、培养人才的模式探索	2021.10.19	120
冬小麦春季管理技术指导	2022.3.19	60
小麦病虫害防治	2022.4.15	42
小麦一喷三防培训	2022.4.29	30
美丽庭院 - 庭院花卉绿植栽种培训	2022.5.20	35
美丽庭院 - 庭院花卉绿植栽种培训	2022.5.20	28
氮磷钾营养元素在植物生长发育中的作用	2022.05.21	23
作物科学施肥技术	2022.05.26	50

续表

培训主题	培训时间	培训人数
作物科学施肥技术	2022.6.07	50
高产高效施肥管理技术	2022.6.07	51
夏玉米增密技术培训会	2022.6.12	38
夏玉米密度培训会	2022.6.24	8
线上直播：胡萝卜高产高效施肥管理技术	2022.6.29	53100
田间党校：胡萝卜生育期需肥规律	2022.7.01	28
胡萝卜歧叉根、裂根产生的原因及解决措施	2022.7.02	12
胡萝卜堆肥化处理	2022.7.06	20
夏玉米化控技术培训会	2022.7.10	30
夏玉米病虫害防治	2022.7.13	32
美丽庭院 - 庭院花卉绿植栽种培训	2022.7.15	36
垃圾分类培训	2022.7.15	36
夏玉米病虫害防治	2022.7.15	36
花生高产栽培技术及病虫害防治	2022.7.15	21
高产高效施肥管理技术	2022.7.16	49
高产高效施肥管理技术	2022.7.17	54
暑期防溺水安全教育活动	2022.7.18	32
玉米大豆带状复合技术培训会	2022.7.18	13
胡萝卜根结线虫病	2022.7.22	18
田间党校：胡萝卜根结线虫病	2022.7.26	30
党员夜课堂：氮磷钾营养元素在植物生长发育中的作用	2022.8.04	25

附表2　科技小院短视频发布

短视频主题	发布时间	观看人次
影响胡萝卜品质的因素及预防措施	2021.10.29	269
胡萝卜常见缺素症	2021.11.1	79
冬小麦春季肥水管理	2022.3.20	3392
如何防治冬小麦纹枯病	2022.3.26	2895
如何防治冬小麦茎基腐病	2022.4.5	2137
冬小麦拔节期管理	2022.4.13	802
小麦红蜘蛛防治	2022.4.16	992
小麦蚜虫防治	2022.5.2	556
小麦一喷三防	2022.5.3	932
小麦赤霉病防控	2022.5.10	1047
小麦条锈病防控	2022.5.13	716
胡萝卜生育期需肥特点	2022.5.16	300
胡萝卜尾菜变废为宝	2022.5.24	470
胡萝卜歧叉根、裂根产生的原因及解决方法	2022.6.01	150
胡萝卜根结线虫病	2022.6.27	68
玉米田间杂草防治	2022.6.28	788
如何辨别真假肥料	2022.7.06	103
胡萝卜尾菜堆肥化处理	2022.7.13	75
乐陵市科技小院乡村振兴志愿服务	2022.7.20	2127
玉米大斑病防治	2022.7.28	483
不同胡萝卜品种的相关比较	2022.7.28	44
大雨对胡萝卜生产造成危害的应对措施	2022.8.15	15

附表3 科技小院媒体报道

媒体名称	宣传标题	发布时间
乐陵市农业局	科技小院正式启动	2014.5.4
德州新闻网	乐陵市成立农业科技小院	2014.5.16
联合日报	采纳委员建议 乐陵市成立农业科技小院	2014.5.20
齐鲁晚报	省内首家农科小院落户乐陵	2014.5.27
乐陵市农业农村局	曲锋市长到农业科技小院调研	2014.6.8
乐陵市农业农村局	中国农业大学领导来指导科技小院工作	2014.8.19
新华网	山东乐陵积极“引智”1天揭牌八大科研院所	2014.9.22
农民日报	乐陵科技小院“点树成金”	2014.12.18
山东农业信息网	乐陵：农业科技小院日志成为“畅销书”	2015.2.28
三农在线网	走进乐陵科技小院	2015.5.27
乐陵市农业农村局	农业局与科技小院携手为乐陵市农业现代化生产谋发展	2015.6.2
中国农资	乐陵科技小院为金丝小枣防裂果找到好办法	2015.11.6
中国农业科技小院	山东乐陵科技小院简介	2016.1.19
央视网	来自春耕一线的报道 山东：智能配肥专业服务 农民春耕更轻松	2016.4.20
三农在线网	走进乐陵科技小院	2016.5.27
大众网	乐陵市科技小院开展金丝小枣百年古树认购推介活动	2016.6.27
腾讯视频	科技与农业生产零距离 - 记山东乐陵市科技小院	2016.7.3
大众网	乐陵有个“科技小院”	2016.9.21
光明日报	金丝小枣载着我的“三农”梦	2016.11.9

续表

媒体名称	宣传标题	发布时间
齐鲁网	乐陵有个“科技小院”，推广农业科学种管新技术	2017.11.28
大众网	乐陵科技小院打通农技推广“最后一公里”	2018.11.28
大略网	乐陵：丰收季里的年轻力量	2019.5.25
青岛新闻网	莱西市：中国农业大学科技小院落户	2019.8.28
青岛农业大资环	青岛市科协赴资环学院莱西科技小院指导工作	2020.9.30
科技工作者之家	青岛市科协领导调研“科技小院”建设工作	2020.11.18
齐鲁晚报	乐陵朱集镇王清宇科技小院助力科技推广	2020.12.14
中国农业大学新闻网	播下科技火种服务乡村振兴——乐陵市科技小院助力现代农业发展调查	2021.4.15
德州新闻网 德州日报	乐陵:科技小院“显身手”乡村振兴“劲头足”	2021.4.16
中国农业大学新闻网	乐陵:科技小院“显身手”乡村振兴“劲头足”	2021.4.16
农民日报	播下科技火种 服务乡村振兴-山东乐陵市科技小院助力现代农业发展调查	2021.4.30
新华社	乐陵依托科技小院打造助农惠农平台	2021.5.28
大众日报	科技小院建到田间地头	2021.6.1
中国农业大学新闻网	走出校门进入农门，年轻学子让科研成果扎根田野 科技小院建到田间地头	2021.6.1
齐鲁晚报	乐陵将科技小院建到田间地头	2021.6.2
齐鲁网	德州乐陵积极应对灾害天气 技术人员深入一线指导农民生产自救	2021.7.27
青岛政务网	莱西市：产教融合赋能农业高质量发展	2021.10.20

续表

媒体名称	宣传标题	发布时间
山东教育观察	青岛农业大学举行产教融合研究生培养基地、科技小院揭牌仪式	2021.10.21
青岛新闻网	山东省产教融合研究生联合培养示范基地和“科技小院”在莱西揭牌	2021.10.21
齐鲁网、半岛网	山东省区域农业绿色发展产教融合研究生联合培养示范基地暨科技小院揭牌仪式在莱西市店埠镇举行	2021.10.21
闪电新闻	莱西这个小院有啥不一样？中科院院士、大学教授都来了！	2021.10.21
山东教育观察	青岛农业大学举行产教融合研究生培养基地、科技小院揭牌仪式	2021.10.21
大众日报	“科技小院”助农忙	2021.12.30
山东三农新闻联播	从象牙塔到泥土地！这个“小院”不一般	2022.3.31
青岛日报 / 观海新闻	青农大科技小院：课堂开在田间，把农民变成“土专家”	2022.3.25
人民日报	科技小院虽小，背靠充满希望的田野	2022.4.10
山东农业科技综合服务平台	青农大科技小院：课堂开在田间，把农民变成“土专家”	2022.4.11
德州市农业农村局官方网站	科技壮苗促丰产　科技小院来助力	2022.4.21
鲁网 · 德州	德州乐陵市郭家街道：巧用“科技小院”助力春耕生产	2022.4.21
中国农业大学新闻网	德州乐陵市郭家街道：巧用“科技小院”助力春耕生产	2022.4.21
青岛日报	青农大科技小院：学生一年 220 天在地头	2022.4.25

续表

媒体名称	宣传标题	发布时间
新京报	助力乡村振兴“科技小院”上升为国家行动	2022.04.25
山东教育卫视	乐陵：科技小院的“新农人”	2022.4.26
德州市电视台	记者走基层：从“校园”到“小院”我与土地同成长	2022.5.4
德州广播电视台	记者走基层：从“校园”到“小院”我与土地同成长	2022.5.5
齐鲁网	乐陵科技小院里的“新农人”：走出校园扎根“小院”推广新技术 与土地共成长	2022.5.10
澎湃新闻网	致敬品牌 | 科技小院来了“新农人”	2022.5.10
青岛农业大学新闻网	青岛农业大学两个项目入选山东教育展示传播“品牌系列”	2022.5.16
齐鲁壹点	植绿添彩！乐陵郭家街道扮靓美丽庭院，提升乡村“颜值”	2022.5.22
山东教育新闻网	院校报道 | 青岛农业大学：“科技小院”里的广阔天地	2022.5.27
腾讯新闻	在小院中的700多天，终生难忘	2022.5.29
青岛农业大学新闻网	山东教育新闻网：院校报道 | 青岛农业大学：“科技小院”里的广阔天地	2022.5.30
青岛农业大学新闻网	青岛农业大学打造科技服务“小院模式”助力乡村高质量发展	2022.5.31
科创莱西	莱西科技小院举办技术培训会	2022.6.1
山东教育新闻	青岛农大科技小院：“课堂在田间” | 致敬品牌·献礼二十大	2022.6.24
澎湃新闻	青岛农业大学科技小院：“课堂在田间”	2022.6.27

青岛农业大学科技小院发展历程

2019年7月 莱西胡萝卜科技小院

研究作物：胡萝卜

驻扎地址：

青岛市莱西市店埠镇双河村

常驻研究生：郭梦瑶、唐文慧、赵颖、张培强、许淑妮、张翠悦

2019年8月 胶州大白菜科技小院

研究作物：大白菜

驻扎地址：

青岛市胶州市里岔镇西安家沟村

常驻研究生：仇恒浩

2019年8月 乐陵科技小院

研究作物：金丝小枣、小麦玉米

驻扎地址：

德州市乐陵市郭家街道南夏村

常驻研究生：姜晓芹 蒋伟 孔忠良

2020年6月 莱西玉米科技小院

研究作物：玉米

驻扎地址：

青岛市莱西市姜山镇于旺庄村

常驻研究生：李久洲

2021年10月 山东省产教融合研究生联合培养示范基地

总目标：建设农科应用型研究生人才的示范基地，培养一批懂农、爱农、尚农具有服务“三农”实践能力和农业技术创新的高素质应用型人才。

地址：莱西市店埠镇后屯村

青岛农业大学科技小院发展历程

毕业合影

晚会合影留念

实习团队合照

科技小院照片

与村民合照

在科技小院过中秋节

莱西七娃

大娃

（唐文慧，2019—2022年莱西胡萝卜科技小院副院长，现中国农业大学博士在读）

二娃

（郭梦瑶，2019—2022年莱西胡萝卜科技小院院长）

三娃

（李久洲，2020年—至今，莱西玉米科技小院院长）

四娃

（翟凯鹏，2020年7—9月，莱西玉米科技小院，现福建农林大学硕士研究生在读）

五娃

（唐斌庆，2020年7—9月，莱西玉米科技小院，现中国农业大学硕士研究生在读）

六娃

（于泉，莱西兄弟家庭农场第二代，青岛农业大学硕士研究生在读）

七娃

（于水，莱西兄弟家庭农场第二代，现山东工程职业技术大学在读）

陈老师为农民答疑解惑

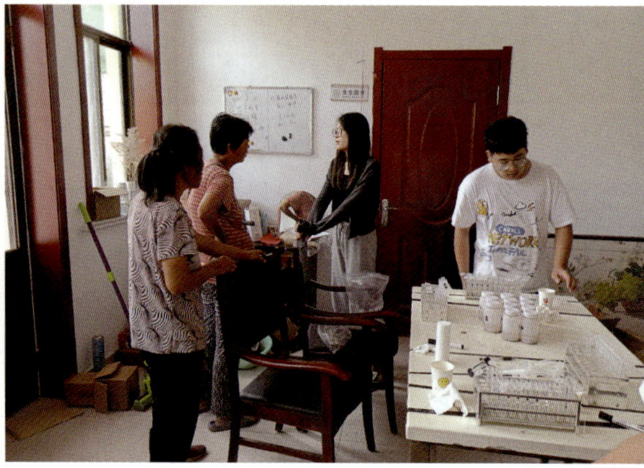

村民在咨询农业问题

讲解胡萝卜示范试验

讲解员小郭在线

梁局下地指导农民生产

夏玉米高产高效培训会

小麦病虫害防治培训会

拔萝卜比赛

开端

乐陵市科技小院成员合影

排水归来的三人

科技小院大家庭

可爱的夏奶奶

依托科技小院探究县域农业绿色发展赴青岛莱西实践服务团

在科技小院做的第一顿美食

滴管剖面

科技服务小车